JN280191

釜江正巳

花の歳時記

草木有情

花伝社

花の歳時記——草木有情《そうもくうじょう》

◆

もくじ

春

夏

秋

冬

図録資料

春

アザミ

薊

子供の頃、畦道でチカッとアザミにやられたことが度々あった。日本各地の畦道や山野に、鋭いトゲのアザミが生えている。花は美しい。だからトゲがあるのだろう。花言葉は「触れないで」。キク科アザミ属の丈夫な多年草。晩春から初夏に咲くグループと秋に咲くグループがあり、両者を合わせて約六〇種もあり、日本はまさに「アザミ王国」である。前者の種類を総称してノアザミと称している。

花は管状花が多数集まった頭状花で、上向き、横向きに咲く。下向きの種類もある。花色は、紫紅色のアザミ色のほか、赤、白があって純白は珍重されている。

花屋で売っているドイツアザミと称する濃紅色のアザミは、ノアザミの改良種であってドイツとは無関係。トゲのある植物は、花材として好まれなかったが、近年はバラ文化の影響もあってかトゲはあまり気にしなくなったようだ。

昭和二五年、戦後の復興の中で歌われた「あざみの歌」は、やるせない国民の心をアザミに托して謳い上げたもので大流行した。

山には山の愁いあり　海には海の悲しみや
まして心の花ぞのに　咲きしあざみの花ならば

いとしき花よ汝《な》はあざみ　こころの花よ汝はあざみ
さざめの径《みち》は涯てなくも　かおれよせめてわが胸に

旺盛な生活力と優しいアザミの花に心惹かれたからであろうか。野辺に咲く一茎の草にも、それぞれに秘められたロマンがある。

その昔、アザミはスコットランドの国花であった。デンマークとの戦いの折、王城に近づいた斥候《せっこう》が、アザミのトゲを踏んで倒れたところを捕らえられ、軍機が知られてスコットランドが大勝したという。以来アザミは「救国の花」として、固い防備とますらおぶりからスコットランドの国花になったという話。

用心堅固に身を防御しているアザミを、人間どもは食べるのである。新芽や若葉は熱を通せば気にならず、ゴマ和え、揚げもの、みそ汁に入れて食べるとうまい。昔から食べていた。

根はゴボウに似て深根性で、みそ漬けにする。「山ゴボウ」は名物の山菜。菊ゴボウ、ゴボウアザミの名もある。一般に秋に咲く種類を用い、富士山麓に多いフジアザミ、伊吹山麓のマアザミ、海岸産のハマアザミなどはうまい。現在は自生品だけでは不足するので畑で栽培する。

アーティチョークは地中海沿岸原産の巨大種で、ツボミの花托を食べる。明治の頃、朝鮮経由で入ったのでチョウセンアザミの名がある。フランス料理に出る。

F

アスパラガス

石刁柏

色鮮やかなグリーン・アスパラは今や馴染《なじ》みの野菜。

食物繊維、糖質、ビタミン類、アミノ酸の一種アスパラギン酸、高血圧を防ぐルチン、美容によいパントテン酸など健康志向にぴったりの食品である。

アスパラギン酸は植物界に広く分布しており、うま味の素で、体内でタンパク質に変わる。一八〇六年アスパラガスの中で発見されたのでこの名が付いた。多量に含まれている証拠といえよう。

アスパラガスはユリ科の永年植物。約一三〇種ほどの仲間のうち、ただ一種だけが太い若芽を出して食用にする。雌雄異株《しゅういしゅ》で、芽の太いのが雄株、細めが雌株。秋に雌株には赤い実がつく。

原産地は南欧、地中海東岸の塩分を含む河の流域や海岸地帯。古代ギリシャ時代から栽培があったようで、野菜というより薬草であったらしい。

学名「アスパラグス・オフィキナリス」のアスパラグスは、茎葉が細かく分かれている状態をいい、オフィキナリスは、薬用を意味している。茎葉の状態と薬用効果から名付けられた名前であろう。

天明元年（一七八一）オランダ人が長崎に伝えたのが初め、当初は観賞用。食用は明治四年アメリカより北海道に入ってから。本格的栽培がはじまるのは大正一〇年代以降。夏涼しく、冷涼な気候を好む。今や北海道を象徴する野菜となった。えぞ富士と呼ばれる羊蹄山麓一帯の火山灰地が大量の生産地。

呼び名に、西洋ウド、松葉ウド、オランダキジカクシの異名がある。松葉状の葉が、〝ウドの大木〟のように育つことと、日本野生のキジカクシのように、キジが隠れるほど葉を茂らすという表現らしい。また漢名は「石刁柏《セキチョウハク》」と書く。

戦前は、缶詰のホワイト・アスパラが主流だった。ネギ同様土寄せして軟白したもの。かつては輸出の花形だった。白はアダルト感覚でシルバー好み。

一方、芽をそのまま伸ばしたのがグリーン・アスパラ。前者に比べ、香り、栄養、味にも優れ、若者から熟年まで人気があり現在の主役。

北海道、長野が二大生産地で、香川産はトンネルの早出しもの。兵庫県下でも転作野菜として生産が増えており、神崎郡大河内町、美方郡村岡町、城崎郡神鍋高原などがその例。

生鮮野菜も国際化時代。空輸はもとより、コンテナ船輸送で鮮度を落とさず届くようになった。消費動向は、一～五月は「米国、メキシコ産」、五～九月は「国内産」、九～一二月は「ニュージーランド、台湾、オーストラリア産」といった状況で、国内産はうかうかできなくなった。

なんといっても採りたての香り高い美味しさは抜群。家庭菜園で楽しみたい野菜。株を植えてから四、五年経つと太い芽がぞくぞく出てくる。菜園作りをおすすめしたい。

C

アマチャ
甘茶

四月八日は釈尊の誕生日。お寺などで灌仏会《かんぶつえ》が行われる。花御堂《みどう》で飾り、浴仏盆に置かれた小さい釈尊像に、竹の柄杓で甘茶をすくって頭から注いでお詣りする。

灌仏会のことを、仏生会、浴仏会や花祭などの呼び名もある。兵庫県内では、四月八日を花祭の日として、山から採ってきた花を、竿《さお》の先にくくって庭に立て、高花・天道花と呼びお釈迦さんに供える風習も残っている。

さて、甘茶はアマチャと称する植物を原料として作る。アマチャはユキノシタ科の落葉低木で、アジサイの仲間のヤマアジサイの一種。本州中部の林床に自生する。

ガクアジサイを小さくした感じで山草の趣きがあり、お寺の庭木や茶花を愛する人たちが庭植えして楽しんでいる。

アマチャは葉に甘味があるコアマチャ・オオアマチャ・アマギアマチャの三種の総称名をいうが、中心はコアマチャである。

一メートル以下の小低木。葉は長だ円で葉質薄い。花全体の周辺にある飾り花は中性花で、青色から淡赤色へと色移りする。

花全体の中心部に集まる小花は両性花。ガク、花弁も五枚であり、〝お釈迦さまでもご存知あるまい〟ほど小さいが完全花である。夏に新葉を摘み水洗いして蒸す。一夜発酵させ、葉を揉み葉汁を除いて乾燥する。葉の甘味成分は、フィロズルチン、イソフィロズルチンで、サッカリンの約二倍の甘味。

戦時中、砂糖がなく、アマチャを血眼になって探したものだ。糖尿病患者や醤油の甘味料、仁丹の矯味矯臭薬など薬用の利用も多い。

アマチャを栽培している地方もある。特に長野県では広い面積で栽培しているところがある。なお、生葉をかんでも甘味はない。また開花すると甘味は減少するので開花前に採集するのがよいといわれる。

灌仏会に甘茶を注ぐようになったのは江戸時代からで、以前は五色の香水を注いでいたので「五香水、五色の水」の呼び名もある。

江戸末期ごろ、軽妙で滑《こつ》けい味のある〝カッポレ節〟が大流行した。〝カッポレ〱甘茶でカッポレ〟の囃子《はやし》言葉に合わせて踊る大道芸。

一名「住吉踊」ともいう。六月一四日の大阪住吉大社の「御田植《おんだうえ》祭」の踊がその初め。植田の畦《あぜ》を一周するいろいろな行列のうち住吉踊は圧巻。白地の単衣《ひとえ》に紫の帯をしめ、黒地の腰衣に、センスを持った坊主が、〝カッポレ〱甘茶でカッポレ〟と踊る。

カッポレに「活惚」の字を当てた。アラビア語の「カップリ」の訛《なま》ったもので小刀のこと。吉原は帯刀を禁じたが、カップリは許す掟《おきて》があった。そこから情死が生まれ、ついに「活惚」は心中にまで発展する。甘茶を注いでお詣りしたいもの。

G

イタドリ

虎杖

山麓の若葉をかき分けて、ウドのような太いイタドリの若芽を採りに出かける。緑の地色に紅紫色の斑点の茎をポンと折って、皮をむいて酸っぱい汁を吸うのが楽しみだった。

蓚《しゅう》酸が多く含まれているので、多食すると下痢をしたりする。のどの渇きをいやす天然の飲み物として懐かしい。

蓚酸を抜いて山菜料理にする。塩湯に入れたり、漬け物にしたものを切って酢の物や和え物にする。若葉も和え物、煮物、テンプラなどにした。昔は救荒植物として重宝されたという。

タバコの代用品としても利用されていた。タバコの渡来以前からの喫煙材料で、味にクセがなく、灰が白く崩れにくいとか。近くは戦争中、イモの葉に混ぜて使った人も多い。

イタドリは山野、堤防などどこにでも見られる大形の多年草。イタドリの名前は、痛みをとる「痛みどり」の「み」を除いてイタドリの名が出たという説がある。

中国の俗説にこんな話がある。夢得と呼ぶ人の妻は、沙石淋という病気を長く患っていた。そのとき、イタドリの葉に少量のジャ香を混ぜて飲んだところ、一夜にして病気が治ったという俗説である。

葉を揉んで、その汁を打ち身に張ると痛みがとれるとか、漢方では、秋に根を掘り上げ、水洗い後小さく切って乾燥したものを煎じて飲むと利尿、通経、健胃に効く。

イタドリの漢名は「虎杖《こじょう》」。『本草綱目』という書物には、「杖とはその茎を形容し、虎とはその斑を形容したもの」とある。

真っ直ぐ伸びた茎を杖に見たて、紅紫色の斑点を虎斑に見たのだろう。どう猛な虎と弱々しい老人が用いる杖とを配した虎杖とは、まことにもって奇妙そのもの。

さすがに才媛といわれる清少納言は、『枕草子』に、「みるにことなる事なきもの、文字に書きてことごとしき」ものの一つに、「いたどりはまして、とらのつえと書きたると、つえなくともありぬべき顔つきを」と書いている。

見た目には格別な事がないのに、文字に書くと大げさなものになる例にイタドリ、虎の杖と書いているといっている。虎は杖がなくてもよさそうな顔をしていると皮肉っているのは面白い。

『日本植物方言集』には五二八の方言をあげている。それだけ人との関係が深かった証拠といえる。スカンポ、ダンジ、スイモノなどと地方によってさまざま。

C

イタドリの古名は、タジヒ、サイタズマ。タジヒはマムシの古名でもある。太い茎の中にマムシが入っていると脅《おど》されたりした。茎の斑がマムシに似るからだろう。

サイタズマは、春真っ先に芽を出す「先立つ菜」の意味から出た呼び名。食用野草を裏づけている。

ウメ

梅

立春を過ぎると、ぼつぼつ〝梅だより〟も聞かれるようになる。「梅一輪一りんほどの暖かさ」というが、日毎に春めく喜びを、梅一輪の咲く姿にしぼって表現したものだという。

春ほど待たれる季節はないが、寒風の中に梅の香りが漂うと、清新な感動に打たれるような思いがする。

梅には清節と気品があり、忍耐と覇気があり、そして風流の花でもある。〝梅にウグイス〟は春を告げるにふさわしい。

梅の名勝や史跡を訪ねる観梅客も多くなってきたが、梅見は、梅林のそぞろ歩きを楽しむものだ。桜見が陽気で華やかなら、梅見は閑寂とゆかしさを味わうものだ。桜が春爛漫の花なら梅は雅た枯淡の味がある。

梅は中国の原産で、奈良朝の初めには渡来していたらしい。九州には何度かにわたって渡来し、太宰府には早くから根を下ろしていた。

万葉の貴族たちは、舶来の梅に深い関心を寄せたらしく、『万葉集』には萩について一一八首が詠まれており、桜の四一首をはるかにしのいでいる。やがて、王朝文化が復活する平安時代になると、主客は桜にとって代わられる。

紫宸殿の前庭に植えられた、左近の梅は、左近の桜に替わり、『古今和歌集』には、桜が圧倒的に多く詠まれてくるなど、人の心も〝移りにけりな〟という次第。

「東風《こち》吹かば匂いおこせよ梅の花　主なしとて春を忘れそ」は、菅原道真が筑紫へ下るとき、愛培していた梅への惜別の歌である。そして、このうちの一枝が、主を慕って、はるばる太宰府天満宮まで飛んでいったと伝える「飛梅《トビウメ》」の伝説は、誇張し過ぎだが、それは邸内に植えられた梅には、主があることを意味するものだろう。

梅には「好文木《コウブンボク》」という別名がある。昔、中国の晋《しん》の哀帝が、本を開くと必ず梅の花が咲いた、という故事から、梅は文を好む木と名づけられたという。

梅好きの菅公は、学問の神として受験生に敬愛されているが、「学ぶ者が、たえず本を開いておれば、梅は勢いよく開く。怠けて本を閉じていると梅も開かぬ」と教えたという。

梅は風流と共に、〝花も実も〟日本人の心と体を養ってきた。梅への愛着は信仰のようでもある。

B

梅干しは、日本人の英知の結晶である。日の丸弁当は、愛国心と質実剛健の象徴でありタクアンと梅干しは貧しさのバロメーターだった。オカユに梅干し、海外旅行に梅干し、梅酒、梅肉エキスといった〝塩梅〟の伝統食品は、今やブームを迎えた。

あの一粒の実の中に、日本人の古里と大自然の良心がいっぱい詰っているのだといえそうである。

オキナグサ

翁草

まるで老人（翁《おきな》）の白髪の頭に見えるのでオキナグサ（翁草）の名がついた。

花が終ると、茎頂に細長い実が塊になって着く。それぞれの実から出た無数の長いめしべに、白毛が密生して白髪頭のようになる。

漢名の「白頭花《ビャクトウカ》」も同じ発想。別名も多い。『日本植物方言集』には二一五もの呼び名が出ている。翁草、白頭草、白頭公、猫草、婆草《ババクサ》、姥頭《ウバガシラ》、尉殿《ジョウドノ》、稚児《チゴ》花、禿《カブロ》草、などなど。

柳田国男の『草の名と子供』に、翁草の呼び名の調査がある。昔の子供たちは、この草が遊び相手になったようだ。例えば、筆草《フデクサ》の名前はその一例。

この花穂に水を含ませて、板塀に落書することが流行した時代に生まれた名前だと言っている。

また、舞を舞う人の姿に例えて物狂《モノグル》い、稚児《チゴ》の舞といった名前や老人でも老婆に見立てた、姥白髪《ウバシラガ》、姥頭《ウバガシラ》などの地方名も多い。

『万葉集』に「ねっこぐさ」の名で一首ある。翁草の別名である。

「芝付《しばつき》の美宇良埼《みうらさき》なるねっこ草　あひ見ずあらば恋ひめやも」の歌。

美宇良崎《みうらさき》（原・三浦半島）に咲く、ねっこ草（翁草）のように可憐なあの娘に出会っていなかったら、このように恋い慕ったりはしなかったのに、という歌意である。

万葉人は、この草の根に特別な思い入れがあったのである。実は、この根を乾燥したものを、漢方では「白頭翁《ビャクトウオウ》」と呼び、熱性下痢（アメーバ赤痢）に効く。万葉時代は広く利用していたらしい。

翁草はキンポウゲ科の多年草で、日当りのよい低山の草原に生える。近ごろは一向に目につかない。諸悪が生存を脅かしているのだろう。

美しい野草だから、庭植や鉢植されている。草全体は灰色の長い毛に覆われ、晩春のころ一〇センチほどの花茎を出し先端に花をつける。

花は釣り鐘状で下向きに咲く。花弁状をしたがく片が六枚、めしべ、おしべとも多数ある。花の内側は暗赤色、外側は白毛が密生して白っぽい。

花が終ると花茎は三〇～四〇センチに伸びる。白髪を振り乱した頭のような独特の果実ができる。歌人や俳人が注目するのも、いかにももっともなこと。

E

斎藤茂吉はこの花をこよなく愛した歌人。「かなしき色の紅や春ふけて白頭翁《おきなぐさ》さける野べを来にけり」と詠んだ。晩春の暮れ、己が命のはかなさと、悲しき色の翁草を重ねて詠んだものだろうか。

キンポウゲ科の植物には有毒のものが多い。が「毒も薬」の例え通り、「匙《さじ》加減」によっては薬になる。強心作用や腸熱を清め、下痢などに効く。

翁草の根は太い直根で、深く伸び乾燥地でよく育つ。根の一部が残っていると生存できる。

カイドウ

海棠

長かった菜種梅雨もようやく明けると、いよいよ春本番。サクラ、ツツジ、ボタンなどが一斉に咲き競う花の季節の幕開けである。

サクラに続いて海棠が咲く。ほっそりとして柔らかい技に、花梗の長い淡紅色の艶やかな花がうつむきに垂れて咲く。

海棠は東洋の名花。中国では、「花中の神仙」と称され広く愛培、詩にも多く賦されている。また海棠は、美人を形容する常套語でもある。

この麗花が、美女とかかわりをもたぬわけはない。「海棠の睡《ねむ》りいまだ醒めず」は中国の故事。玄宗皇帝と楊貴妃のロマンスの一節。

皇帝が沈香亭に楊貴妃を招く。そのとき、美酒に酔って頬を赤く染めてうたた寝していた楊貴妃は、意に添いかねると使者を追い返す。皇帝笑いて曰く。「これ真《まこと》に、海棠の睡り未《いま》だ足らざるか」――と。

酔後の睡り足りない美人の風情をいい表した妙を得た言葉。以来花言葉は「美人の睡り」。

ほんのり紅を含んだ花の姿は、ぽっと目の下を染めた美女の趣である。春の朝の海棠、春雨に濡れながら、うつむきに咲く海棠の姿は妖艶なまでに美しい。

日本の諺に、「海棠の雨に濡れたる風情」という言葉がある。降りかかる春雨に、しっとりと映えて美しさを増す。古人は、「湯上がりの美女の風情」を想っていったのだろうか。

花は短い枝先に三～七箇が房状につく。つぼみは深紅色だが開くと華やかな桃色。秋には、アズキ大の黄褐色の果実をつける。

海棠と呼ぶものには普通二種類があって、一般に海棠と呼ぶのはハナカイドウのことで、別名垂糸《スイシ》海棠ともいう。もう一つは、ミカイドウで、別名ナガサキリンゴと呼ぶ。

植物学上は、ミカイドウが正真の海棠で、花は上向きに咲き、果実は大きい。中国から長崎に渡来したのでナガサキカイドウという。

さて、海棠は中国中西部が原産で、江戸時代以前には渡来していたらしい。室町期編集の『下学集』（一四四四）に海棠の名が出るのが初め。これはミカイドウのことで、ハナカイドウはこれより後。花が美しいので、庭木や盆栽で観賞。拙宅にも二本植えて楽しんでいる。花をたくさんつけるコツは先端部の枝をぐるぐる曲げてやるとよい。

F

海棠が咲くと、私には悲しい思い出が甦ってくる。あれは二〇数年ほど前のこと。七階の窓から女子学生が飛び降り自殺をした。たまたま事件に遭遇して彼女の死に立ち会っただけに思い出は深い。

その後、両親から植樹が申し込まれたとき、私は海棠を選んで構内に植えてあげた。毎年春になると教育学部の一角に海棠が咲く。若くして逝った彼女は、海棠の下で永遠に睡り続けている。

カラタチ

枳殻

からたちの花が咲いたよ　からたちの畑の垣根よ
白い白い花が咲いたよ　いつもいつもとおる道だよ
からたちのとげはいたいよ　からたちも秋はみのるよ
青い青い針のとげだよ　まろいまろい金のたまだよ

北原白秋作詞、山田耕筰作曲の名作で、藤原義江唄う、「からたちの花」の独唱はあまりにも有名。子供の頃、学校の行き帰りにあったカラタチの垣根を追憶して詠んだものといわれるが、この詩は、そのままがカラタチの特徴をすべていい表しているといえる。

カラタチの垣根は昔はよく見かけたものであった。青い青い針のような鋭いトゲは泥棒避けにはもってこいの囲いであった。

トゲには蟻酸が含まれていて刺されるとヒリヒリ痛む。刈り込んだら直ぐ新芽を出して密となり、下枝も枯れ上がることがない。近頃の殺風景なブロック塀よりよっぽどよいと思うのだが、ケガを避ける意味があってか姿を消した。

落葉性低木で、葉の出る前の四月から五月初めに、白い白い五弁の小花がトゲのつけ根に一個咲く。良い香りを放つのも魅力の一つ。

F

夏の頃、丸い緑の果実がいっぱい着く。かすかに香るが、酸味強くタネも多くて食用にはならぬ。中国では、未熟果を輪切りにして干したものを枳殻《きこく》、丸のまま干したものを枳実《きじつ》と称し健胃剤として珍重するとか。

秋の頃、まろいまろい金の球《たま》のように成熟する。季節の移ろいを知らせてくれるのである。

原産は中国長江上流。『万葉集』に一首あるので、その頃既に渡来していた。日本の風土によく適合し、日本全土に分布、一部に野生化した巨大木もある。

漢名は「枸橘《くきつ》」。和名カラタチは、唐橘（カラタチバナ）の略で、中国渡来の橘という意味。カラタチはミカン科に属する柑橘類の一種。別名を「枳殻《きこく》」というが元来は別種。また、ゲズという名もある。九州方面で使うらしいが「下等な酢」という意味らしい。

一方、よく似た名前にカラタチバナと呼ぶヤブコウジ科の植物がある。常緑低木で、赤い実がつく。江戸時代は百両金と称し鉢物として珍重された。

さてカラタチは生け垣に利用するだけではない。柑橘類の接木繁殖の台木として広く利用している。ミカン類の台木はほとんどカラタチで結果（果実がみのること）が早くなり、品質もよくなる。

栽培はいたって容易で、実生で殖える。土質を選ばず、耐寒性、乾燥、日陰に強いが、日当りを好む。日陰地では実つき悪い。

初夏の頃、アゲハチョウの幼虫が葉を食い尽くしてしまうことがあるのが、たった一つの悩み。

クコ

枸杞

もう二〇年以上も前になるだろうか、クコ（枸杞）ブームが巻き起こったことがあった。「クコ友の会」が結成されるなど、マスコミも騒ぎたてた。「はやり物はすたり物」の諺通り、いつの間にか下火になってしまっていた。

クコはナス科の落葉小低木。日当りの良い土手や道端に自生。晩秋から冬にかけ、赤い果実が美しいので、盆栽や庭植えされる。

夏にナスの花を小さくしたような淡紫色の花が咲く。茎はつる状で直立せず、短枝に鋭い刺があって、下手に握ったりすると酷《ひど》い目にあう。

古くから中国や日本では不老長寿の薬草として利用されていた。漢方では、果実を乾した物を「枸《く》杞子《こし》」と称し、「薬膳料理」のスープに使う。滋養強壮、目の保養によく、常食すれば白髪にならず長寿を保つという。

「枸杞酒」は民間の強壮薬として広く愛用されている。生果五〇〇グラムを搗《つ》き砕いて袋に入れ、ホワイトリカー一・八リットルに約一か月密封して造る果実酒。

「枸杞葉《よう》」は、乾燥した葉を煎じて飲む。また、「地根皮《じこっぴ》」は根の皮を乾した物で、煎じて飲むと消炎、鎮静の薬効がある。

「枸杞飯」は、若葉を飯に入れて炊く。苦味なくまろやかな味であるとか。ひたし物、てんぷらにして食べたりもする。

古伝説上の「久米仙人《くめのせんにん》」もクコを愛用していたらしい。久米仙人は有名な仙人で、『今昔物語集』の巻一一の第二四話にあるし、また、『徒然草』第八段にも記載があるのでその話を知る人は多い。

大和国吉野郡の竜門寺に籠《こ》もって仙法を学び、仙人となって自由に空中を飛ぶようになったが、あるとき、吉野川上空を飛行中、衣を洗う若き女の脛《はぎ》の白いのを見て通力を失って墜落。後にこの女性と夫婦になり俗人となった。

『徒然草』に、「世の中の心迷はすこと、色欲にはしかず。人の心は愚かなる物かな」と書いている。人間が官能の誘惑に弱いことへの慨嘆だろうか。

その後久米は、七日七夜潔斎して仙術を取り戻し、大小の材木を山から工事現場へ飛行して運搬、建築したのが奈良の「久米寺」の由来と伝えている。

その久米寺には、飛行機の墜落よけのお守りを売っていた。墜落した仙人が、こんどは墜落しないお守りになるとは、なんとも痛快。

G

中国にも「除仙」にまつわる秘伝がある。昔、中国に除仙という男がいた。ある日、山で薬草採りをしていた折、犬に誘われてクコの根を掘り、蒸してみると、なんともいえぬ芳香で、除仙は以来クコの根を食べて、不老長寿の仙人になった。その犬の毛は黄色で、クコの根も黄色だ。「犬の姿に現われたクコの精」という伝説である。

クロッカス

花屋の店先に明るく可愛いクロッカスが人目を惹く。水栽培で育ってきた黄色の花が春の光と同時にパッと咲く。春の幕開けである。

ヨーロッパには「早咲きのクロッカスで春が告げられる」という言葉がある。耐寒性が強く、消えゆく雪の間から地をはうようにして花をのぞかせてくる。

クロッカスはアヤメ科クロッカス属の小球根植物。約八〇種位の野生種が、地中海沿岸の南欧から小アジアに分布、交配によって改良された多数の園芸品種を含め一括してクロッカスと総称する。大別して、春咲き系と秋咲き系に区別するが、春咲きが普通。濃い黄色大輪種は春咲く花としてのイメージも強い。

花色は黄のほか、白、ピンク、紫、白と紫の紋りと多数で、ワインカップ状の六弁花を上向きに開く。基部はすんなりと細長い。

秋咲き系の代表はサフラン。淡紫色の花弁で、濃い赤紫色の脈が弁縁近くまで伸びている。めしべは太い濃橙赤色で、これを乾燥したのが高貴な生薬。

呼び名のクロッカスは、ギリシャ語の「糸」の意味。めしべが三裂して糸のように長い姿に由来。サフランの名は、めしべを乾燥した薬を、サフロン「黄色」といったのが植物名のサフランに転訛。サフランは水栽培用に親しまれている。漢字は「泊芙蘭《サフラン》」、漢名は「蕃紅花《バンコウカ》」。森鷗外に「サフラン」

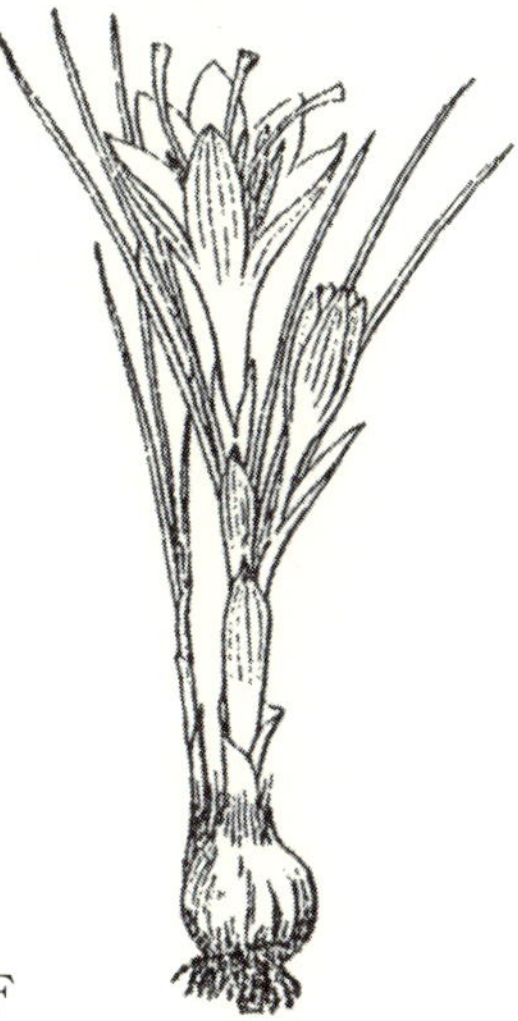

F

という随筆があり、「洎芙藍」について父に尋ねている文章がある。

サフランのめしべは、薬用、着色料として極めて高価、小ビンの底にスズメの涙ほど入って一グラムが一二〇〇円ほど。血行を良くする婦人薬として使われている。

スペインは世界一の生産国。「赤い金」ともいわれ、タンスや金庫にしまう人もいるとか。スペイン産の最高級品の七割がなんと日本に入っているとは驚きである。

一〇〇グラムの乾燥品を得るのに約一万個位の球根がいる。花からめしべを摘む作業は根気がいる。開花は僅か一〇日、「サフランのめしべ摘み競争」まであるらしい。

スペイン料理にサフランは欠かせない。魚介類を煮込んだブイヤベース。魚介類を入れた炊き込みごはんに耳かきほど入れると芳香とほのかな辛味と美しい黄色を出す。ケーキ類、酒類の着色にも。

かつて、アイルランドでは王のマントを黄に染めるのに用いた。またギリシャの女性は衣服を黄に染めるのが好きだったといわれる。めしべから得た自然の贈り物だ。

古代ギリシャ文明はサフランの貿易で栄えたともいわれる。一四世紀の頃、一人の巡礼者が、中空の杖に球根を隠してイギリスに持ち込んだという。以来、合成色素にその地位を奪われるまでの五〇〇年間、サフランの栽培は盛んであった。今日では縁遠い話ではある。

クロモジ
黒文字

クロモジと言えば、あの粋《いき》な削り方をして、和菓子に添えてある楊枝《ようじ》のことだ。黒い木肌の残る清清しい香りの菓子楊枝である。

クスノキ科の落葉低木で日本各地の低山の雑木林に自生する。黄緑色の木肌にある黒い斑点を、文字に見立てて〝黒文字〟の名が付いたと一般に言われるが、後で述べるような別の説もある。葉、枝に芳香があり、弁当の箸《はし》にすると香りが漂う。この匂いが楊枝として喜ばれた。クロモジ油は、乾燥した枝葉を蒸溜して作る。

茶室の庭に珍重された「黒文字垣」は、クロモジの枝を編んで造る。「鶯《うぐいす》垣」とも呼ばれ、来客のとき湯をかけておくと、高尚な香りが発散するとのこと。茶庭に植えておき適宜箸を作れば好都合だ。

昔、この木の枝先を穂のように砕いて、今の歯ブラシ状にしたのを「穂楊枝」と称し、柄の部分は黒皮のままだったから、「黒木の穂楊枝」と呼んだ。

中国では、楊柳（ハコヤナギ）を使って作ったので〝楊枝《ようじ》〟の名ができたと言われている。日本は主にクロモジで、芳香と殺菌力もあり、中国から楊柳が入ってから楊も使ったようだ。

さて、クロモジの名前の由来には、前述の黒い斑点が文字に見えることからとの説に対し、それとは全く別の「女房詞《にょうぼうことば》」説が有力になっている。

女房とは、室町期以降から、宮廷に奉仕する高位の女官のことで、彼女らは一般社会で使う言葉を

G

敢えて避け、独特のいわゆる「女房詞《にょうぼうことば》」を使った。やがて宮廷から将軍の大奥、諸候の奥方へと広がる。

そのうちに、「もじ言葉」の類型があり、語の一部を残して、下に「もじ」を付けて呼ぶやり方。歯の掃除を口にすることを嫌って、黒楊枝を黒もじ→クロモジと呼んだ。このような例を一部あげると、杓子→しゃもじ、髪→かもじ、そなた→そもじ、お目にかかる→お目もじ、ニンニク→ニモジ、ネギ→ヒトモジ、ニラ→フタモジ、といった使い方がそれ。

なお、クロモジの異名に、「鳥柴《とりしば》」・「鳥木」の名がある。柳田国男は、「黒文字は神を祭る木」と呼び、古くは、東北地方では狩の獲物を、クロモジの枝に挿して「山の神」に供える風習から、「鳥柴《とりしば》」「鳥木」の名が出たと述べている。

また、京都では、鷹匠《たかじょう》は獲物の鳥をクロモジの枝に結んで贈る仕来りがあったので鳥柴と言った。

一方、茶花としては、冬芽から花が咲く四月ごろまで使われる。細い枝先に槍のようにツンと立つ葉芽、その基に丸い塊の花芽があって、春になると淡黄色の小花が傘状にパッと開く。

雌雄異株で、雌株には秋に黒い小さな種子ができる。生命力は強く、成長も速い上、木の恵みも得られるという価値ある一種である。

サクラ

桜

桜前線の北上と共に日本列島は美しい桜で飾られる。

『古事記』や『日本書紀』に木花開耶姫《このはなさくやひめ》の物語がある。木花《このはな》とは桜のことであり、開耶《さくや》がそのままサクラの語源だという説がある。遠い昔の明るく美しい物語である。

桜は日本人の心の花であり、日本人の国民性を代表する。かつて、国学者本居宣長が門人に請われるままに詠んだという「敷島の大和心を人問わば　朝日に匂う山桜花」の歌は今なお千古の絶唱といわれている。

執ようさを嫌い、淡泊を好む日本人には、あわただしく咲いて急いで散っていく桜を大和心の象徴と受けとめたのであろうか。

桜は満開の花を愛でるだけではなく、花吹雪となって舞う落花の美に限りない感動をいだく。「久方の光のどけき春の日に　しづ心なく花の散るらん」という散華の美学は、やがて散りぎわを尊ぶ武士道の鏡として、「花は桜木人は武士」に例えられるようになった。

加えて、散る花の無情は、仏教の無常観と結びついて、日本人の自然観に深い思想的根拠を与えた。桜の詩人ともいわれた西行の、「願わくば花の下にて春死なん　そのきさらぎの望月の頃」の歌や、平忠度の、「さざ波や志賀の都は荒れにしを　昔ながらの山桜かな」の歌などにも、人間のはかなさを知る無常観や自然に親しむ優しい日本人の心情が感じられるのである。

一方、桜は予兆の花として、春の訪れと農耕の開始期を告げる花でもあった。稲作を生活の柱とする日本人には、農耕の開始期に咲く桜の表情からその年の稲作を占った。

サクラのサは田の神であり、クラは田の神の座であった。桜が咲くと田の神の来訪と見た。田植えのサ苗、サ乙女などのサはいずれも田の神を指しているという。

咲いた桜が旬日を待たずにはやばやと散ることは、稲の花が散ることになるので、散らぬようにと願う鎮花祭が今も各地にその名残をとどめている。このように桜は稲作の生産と深いかかわりをもって眺められていたのである。

「ハナ」とは、先端、端、鼻のことであり、花とは元来、実りの先触れを意味した。桜が咲くことは神意の発現であり、田の神の来訪であった。

B

桜が咲くと村人たちはこぞって山に登り、桜の下で円陣を組んで神酒を供えて稲作の豊作を予祝したのである。今も、春は桜、桜は花見、そして花見は団体で、花見酒がつきものであるのは、稲の生産の予兆の花として眺めていた基層文化によるものであろう。

芭蕉は、「京は九万九千群集の花見かな」と詠んでいるが、現在でも、桜の花見は民族の大移動期であることに変わりはない。

ザゼンソウ

座禅草

まだ寒さの厳しい季節。水音のする湿地帯のザゼンソウがひと足早い春を告げている。

ミズバショウと同じサトイモ科の仲間。この仲間は圧倒的に熱帯地域に分布しているのに、ミズバショウとザゼンソウは例外的で、寒冷地域に分布している。

北海道、本州中部以北の日本海側の山地や渓間の湿地に自生する。日本を代表する群馬県片品村の尾瀬ヶ原にある純白のミズバショウの群落は国の天然記念物。

ミズバショウと似た形をしているが、違う点は、仏炎苞《ぶつえんほう》がミズバショウの純白に対し、暗紫褐色で肉厚、先端堅くとがっている。

仏炎苞とは、サトイモ科に普通に見られ、花の集団（肉穂花序《にくすいかじょ》）を包む大形の苞葉のこと。「仏炎」とは、仏像の後に立てる光背で、不動明王は燃え上がる炎を光背にしている。

肉穂花序は、一〇センチほどのだ円形で、その周りに、小さい花が透き間なく並んでいる。〝花が咲く〟とは、実は植物学上の花ではなく、仏炎苞の開くことを指して言う。

ミズバショウよりやや乾いた場所に生え、一度見たら忘れられぬ姿、格好をしている。「座禅草」の名は岩山の祠《ほこら》で瞑想する達磨《だるま》大師の姿に由来。名づけた古人の機知と才覚に頭が下がる。

達磨大師は、「面壁九年」の故事で著名な禅師。中国嵩山《すうざん》の少林寺の壁に面して座り続けること九年、一語も発することなく禅の奥義を極めた人。

ザゼンソウの別名に、ダルマソウの呼び名もあるがなるほどとうなづかされる。

さて、ミズバショウは純白のあか抜けした感じ。反対にザゼンソウは暗紫褐色の粗野でいかにも泥臭い。さらに前者をとりすました貴婦人というなら、こちらは武骨な野武士といえそうだ。

花が開くと、ザゼンソウの周りの雪が早くとける。この現象は、肉穂花序の呼吸が盛んで、大量の熱を放出するため、仏炎苞内は外の気温よりかなり高くなり、訪れる昆虫の動きを活発にするためだとの説がある。

その上、悪臭を放って昆虫を誘惑する。昆虫の少ない冬でも活躍しているハエ類を引き寄せ交配を盛んにする仕掛けだという。

英名はスカンク・キャベジー。あの悪臭の強い分泌物を噴射して身を守るスカンクの名前を付けているのも面白い。一見薄気味悪いザゼンソウにも、自然の英知が秘められていることに感動を覚える。

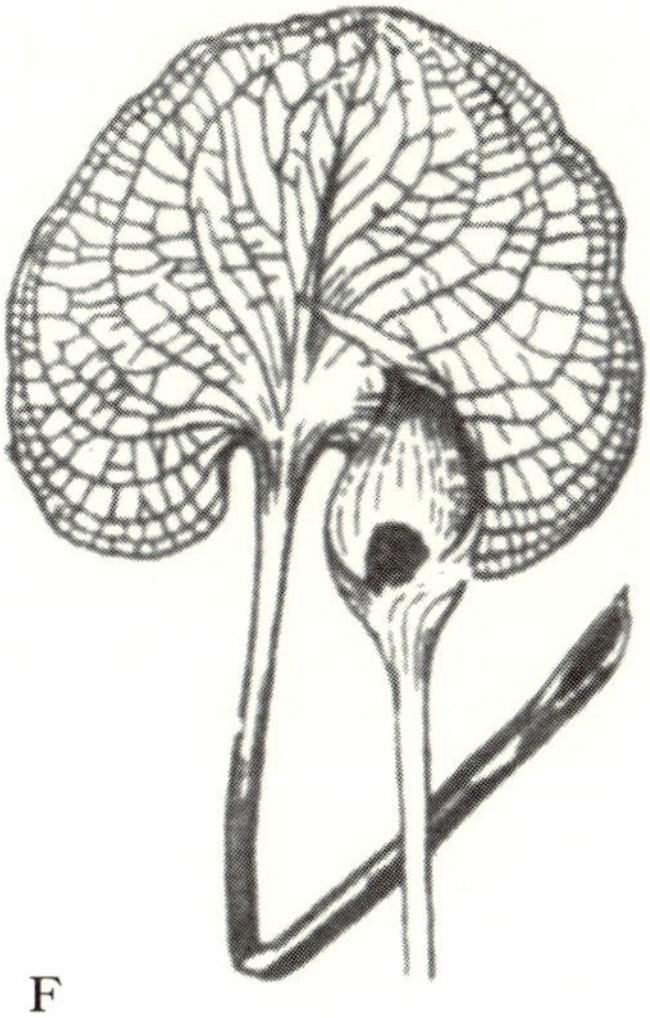

F

全体にやや小形のヒメザゼンソウがある。道端などの湿地に見られ、早春に仏炎苞を出す。初夏に苞が枯れるころに肉穂花序が出る。

かつては、極く普通に見られた日本在来の草々が、無秩序な自然破壊で失われている今、この種の保護を強く望みたい。

サンシュユ
山茱萸

早春、庭のサンシュユが春の兆しを待ちかねたかのように鮮黄色の花を枝一面に綻《ほころ》ばせる。

一陽来復、寒気なお厳しいが、なにやら春めく季節。葉に先だって黄金色の小花が群がって咲く。茶人が好みそうな渋い黄色、上を向いてパッと咲く風情には気品と雅味が感ぜられる。

耐えて咲くこの花、花言葉は「耐久」。耐寒力の強い早春の花木。牧野博士は「ハルコガネバナ（春黄金花）」の別名を与えたが、その名にぴったり。

原産は中国、朝鮮半島。享保年間に薬木として渡来した。白井光太郎の『植物渡来考』には、「支那原産。小石川植物園草木目録云享保七年朝鮮より渡る。又駒場薬園記録云朝鮮産山茱萸七種を薬園に下種す。今日小石川植物園に生育する老樹は此時渡来せしものなり」と記している。

つまり薬用として渡来したものらしい。後に観賞用の庭木になった。赤く熟した果実を干して煎じ、強精、健胃剤にする。果実酒にもするが、今日は中国、韓国から輸入している。

小石川植物園は、今は東京大学附属植物園だが、元禄時代に幕府の薬草園として設けられたもので、享保年間（一七一六～三六）には、対馬藩に命じて、朝鮮人参を試作している。サンシュユの導入は享保七年（一七二二）のことだから、およそ二七〇年前と比較的新しい。

庭のサンシュユの木

鳴る鈴かけてヨーホイ
鈴の鳴る時や
出ておじゃれヨ
俺達《おどま》平家の公達《きんだち》流れ
おまや追討《ついとう》の那須の末

宮崎県民謡の稗搗《ひえつき》節の「サンシュの木」はサンショウの木だという。この唄は、源平時代の悲恋物語であるから、渡来の年代が合わない。現に九州ではサンショウをサンシュの木と呼んでいる。漢名は「山茱萸《サンシュユ》」。九月頃茱萸《グミ》に似た赤い実が熟す。食べると甘酸っぱい素朴な味がする。山に育つ茱萸の木の意。また赤いサンゴに似ることから「秋サンゴ」の名もある。秋の深紅色の実は美しい。老木に近づくと、樹皮が縦に剥げ落ちる。樹幹のはぜた紋様も捨て難い。花も実も樹幹も花材として愛される。

切り花として栽培されている。枝を切って室に入れて早く咲かせる室咲きは一月に咲く。寒気によく調和、一種の禅味をたたえるかのよう。春遠からじと心和む思いがする。

庭木は横広がりの樹幹になる。狭い庭なら四、五年で強剪定の要がある。拙宅の庭にも二年前まであったが、欲張って超過密型の植樹にしたため枯死してしまった。

材は堅く、大工道具の柄、機材、ろくろ細工などに向く。

B

シクラメン

師走に入ると鉢植えのシクラメンがにぎやかに店頭に並べられる。クリスマスや正月のアクセサリーとして欠かせぬ鉢花となっている。

一鉢部屋に置くだけで、ほのぼのとした温かさが漂ってきて、冬のさ中に春がやってきたような思いがする。

冬から春にかけての代表的な鉢花で、一株からたくさんの花が次々咲いて私たちの目を楽しませてくれる。消費量も年々増加、年間一千万鉢を超す生産で、冬の鉢花のトップを占めている。

花と葉の調和も美しい。ハート形の濃緑色の葉に銀白色の斑紋が浮き出ていて、幾重にも重なり合った葉の間から、長い花柄が伸び出し、その先に、蝶の舞う姿に似た花をつけるなど、独特のムードをかもし出す。

シクラメンの語源は、ギリシャ語のキクロス（円・旋回）に由来する。開花後の花柄が、基部の方でらせん形に巻いて輪を作る状態からつけられた。この性質は、野生種にあるが栽培種には見られない。また、球根の形の円盤状から由来したとか、花が円形になって咲くとかの諸説があるようである。

球根が、まんじゅうに似ていることから「豚のまんじゅう」の和名がある。不粋な名前だが、英名の「豚のパン」からつけたらしい。明治の中頃に入ったシクラメンだが、その頃では、パンといっても一般に馴染みがなく、パンをまんじゅうと解釈したのだろう。

さて、豚とシクラメンの関係だが、アルプス地方では、山地に自生する野生種の球根を野猪がかじって食べるらしい。「猪のパン」が「豚のパン」になったのか。

「かがり火ばな」という別名もある。牧野富太郎博士の命名で、そり返った花弁が林立する姿は、燃え上がるかがり火のイメージにぴったりであったが、西洋の草花に片かなを使う習慣になってから今では、すっかり忘れられた。

原産地は、地中海沿岸の山岳地帯。ドイツでは「アルプスの小スミレ」と呼んでいる。森林の岩の裂け目に野生している。野生の花は、現在のミニ・シクラメンより小型で色は白とピンク。

園芸種は、野生種のうちの数種から改良されたもので、大輪咲きからミニチュア系まで、また、花色も豊富になっている。

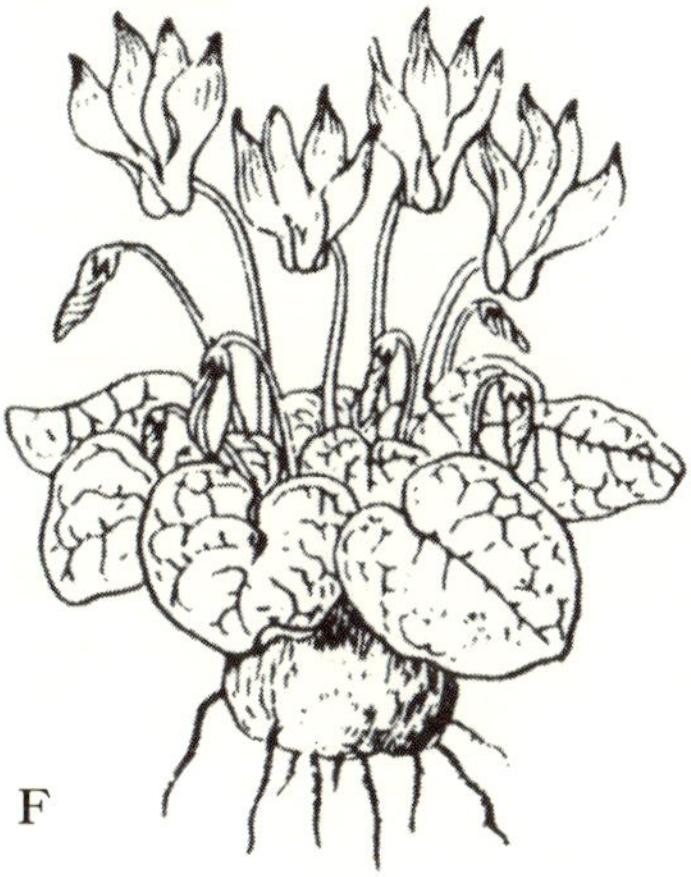

F

近年は、大輪種よりミニ・シクラメンに人気がある。一般的に小鉢タイプの可憐な花の消費が増えているのもその一つだろう。

最近、「芳香シクラメン」が話題になっている。一九七五年のレコード大賞は、布施明唄う「シクラメンのかほり」であったが、唄とは関係なく、一〇年の歳月を費やして、大きな花弁に香りをつけた福岡県の藤氏の功績は大きい。スズランの香りがするという、スイートハートは世界のヒット作である。

ジンチョウゲ

沈丁花

寒く長かった冬も終わり、やっと春がやってきた。夕方、外気はまだ肌寒いが、どこからともなくジンチョウゲの甘酸っぱい香りが漂ってくる。やるせない春宵の情緒にふと立ち止まる。

ジンチョウゲはどこの庭にもある馴染みの花木。透明なレンギョウの黄と甘いジンチョウゲの香りは春を代表する。ウメの優雅な清香に比べると、こちらは情熱的で艶めかしい。

「ジンチョウゲは枯れても芳し」といわれるほど強烈であるので茶花には禁花。花言葉も「甘い生活」で、結婚記念に植えたい一種。

原産地はヒマラヤ、中国南部。室町中期の頃、中国へ渡航の僧侶が持ち帰って寺に植えたという。中国は花の美より芳香を楽しむ国。中国では「端香」の名と、遠くまで匂うので「千里香・七里香」の別名もある。

ジンチョウゲの名前は、『大言海』には「香 沈香《ジンコウ》の如く、花 丁子《チョウジ》にたとへて言ったもの」とある。牧野博士は、「この花の香りを沈香と丁子にたとへて言ったもの」と書いている。つまり、沈香と丁子の香りを合わせもつ花という意。

沈香という植物は、インド、インドシナ半島方面に野生する香木で、台湾、中国南部では栽培している。枝幹に傷をつけ、長い年月土中に埋めて変質させると香木になる。正倉院御物の香木は、天然にできた貴重なもの。

丁子はモルッカ諸島特産の熱帯樹。つぼみを乾燥して香料、薬用にする。現在、仁丹や歯磨粉に入っている。かつて、ベニスの商人はこの香料の商売で富んだという。

ともあれ、ジンチョウゲの名前は、天下の名香の沈香と丁子の名を兼ねそなえたものという。従って「チンチョウゲ」は誤り。「チン」に非ず「ジン」と読むべきである。

こんなエピソードがある。久米正雄の新聞連載小説「沈丁花」には「チンチョウゲ」の振り仮名がつけられた。これに対して「ジン」と読むべしという投書が殺到したが、植物名はともかく、清音の方が作品の感じがするとつっぱねたという話がある。

花は枝先に一〇個前後がかたまってつく。冬の間は、紫紅色の花弁をのぞかせて春を待っているが、春の兆《きざし》と共にどっと咲き出す。

G

花のように見えるのは実はガクで、植物学上は無弁花、つまり「花びらのない花」というわけ。雌株と雄株が別々で、花粉も卵細胞も異常で不稔であるが、ごく稀に赤い実がつく。

挿木で簡単に殖やせるが、移植を嫌う。成木を移植するとたいてい枯れる。二〜三年かけて根回しの必要がある。排水が悪いとポックリ枯れたりする。トイレの側や空気の悪い場所に植えておくと面目を発揮してくれる。

ツクシ

土筆

早春の土手、枯れ草の中からツクシがツンツン顔を出している。子供の頃、母親と一緒に畦道を探した思い出が懐かしい。

ツクシは古里の土の匂いがする。ツクシとの出逢いは春を見つけた喜びで心わくわく。焼け跡の畦道を探せば籠いっぱいは造作もなく摘めた。のどかな春景色であった。

今日では、宅地化が進みツクシの姿も少なくなり、子供の世界から忘れ去られつつある。今は百貨店の食料品部に並べられる時代。

どっさり摘んできて、一本一本袴を脱がせる。この袴とりが大変である。卵とじ、ごま和え、つくだ煮にする。ほろ苦みがあり、ツクシの味ごはんを作る地方もある。

〝お杉だれの子、ほうしの子、ほうしだれの子、お杉の子〟は広く唄われている童謡。ツクシとスギナの関係はタケとタケノコ以上に神秘的であったのだろう。

実は同じ地下茎から一足先に顔を出すのがツクシ。後から茂るのがスギナである。両者は兄弟で、ツクシは胞子茎、スギナは栄養茎という。日当たりのよい酸性地に自生する多年草で、畑に入ると除草困難なほど生活力旺盛。

ツクシは淡褐色で各節に歯状の切れ込みのある袴をつけ、先端に筆状の胞子穂をつける。成熟すると淡緑色の胞子が煙のように出る。一つ一つの胞子には、四本の細長い弾糸があって、乾湿に応じて伸縮する。乾燥で伸び湿ると縮む。

顕微鏡観察の材料で、息を吹きかけると躍るように動く。〝胞子のレビュー〟といったところ。からみ合って遠くへ飛ぶためだろう。

さて、ツクシの呼び名は、地面に突き出る、突っ立った柱を意味する。柳田国男の『野草雑記』には、「自分の推定では、澪標《ミオツクシ》のツクシであって、突立った柱を意味する」と書いている。ツンツン立つので花言葉は「向上心」。

漢字では土筆、筆花、土筆花など、漢名では「筆頭菜《ヒットウサイ》」。スギナは杉菜、漢名は「問荊《モンケイ》」。いずれも草姿からついた名である。

また、土の中から出てくる姿を法師に例え、ツクツク坊主、スギナ坊主と呼ぶ地方も多い。のっぺりとしたやや尖った頭は坊主頭そっくりと見たのであろう。

一方、ツクシやスギナの茎を、袴の部分から二つに折って、そっと元通りに挿して〝つぎつぎ継いだ、どこ継いだ〟と唄いながら相手に当てさせる遊びがある。

A

「ただひとり　杉菜の節をつぐことの　あそびをぞする河のほとりに」は若山牧水の歌。春の日差しを浴びながら、ツクシやスギナと遊んだ幼い日を懐かしく思う。

地下茎を掘り上げ浅鉢に植えて春の風情を楽しむ人もいる。暖か過ぎる場所に置くとスギナばかり出る。スギナを乾燥して煎じて飲むと、利尿、去痰、膀胱炎に効く。ガンにも効くという信者までいる。

ツツジ
躑躅

サクラが終わるとツツジの季節、日本はツツジ王国。北から南まで、至るところの山地や丘陵地に多種類のツツジが咲く。野生のままでも美しく〝見れども飽かぬ〟眺めであったのだろう。万葉人にも、また多くの和歌や俳句にも詠まれている。

ツツジという呼び名はツツジ科植物の総称で、ツツジと呼ぶ種名の植物はない。ヤマツツジと呼ぶツツジはれっきとした種名で、山に生えているツツジのことではない。ツツジ科のグループは、ツツジ類とシャクナゲ類に分ける。

ヤマツツジは日本の代表種。半落葉の低木で、若葉と共に咲き出る。花は赤、緑葉に映えて美しい。「山で赤いのはツツジとツバキ」の俗謡通り、群生して咲くと燃えさかる炎のよう。花言葉は「燃える思い」。

モチツツジは関西に多い。人家近くの樹木の少ない、日当たりのよい山肌を明るく彩る。花は大きく、淡い紅紫色。花筒やガク片が鳥もちのようにネバネバするのでモチツツジの名がついた。都市近郊に多いため開発で姿を消しつつある。

ツツジの日本名は、花形の筒咲きからついたという。室町時代から江戸初期に流行した「辻が花染」と称する絵模様染があるが、その辻が花の名称は、「ツツジが花」が詰まったとする一説もある。

漢名は「躑躅《テキチョク》、杜鵑《トケン》」。日本ではツツジに躑躅、サツキに杜鵑の字を当てている。『大和本草』（一七〇九）に「ホトトギスの鳴く頃に初めて開花するのでこの名あり」とある。

ツツジとサツキの区別は難しい。常識的には、サツキの開花期はツツジより一か月ほど遅い。いわゆる旧暦の皐月(五月)の頃に咲く。技ぶりでは、ツツジの直立性、サツキは横張り。新芽が伸び切ってから咲くのがサツキで、ツツジは開花中か開花後に伸びる。さらに、サツキは枝先に一箇の花だが、ツツジは複数の花をつける。

サツキはツツジの一種で両者の雑種もあって比較は困難。庶民に親しまれている花木盆栽で、鹿沼土の普及で一大ブームが起こった。

ツツジを配した庭園や公園は多いが、高原にも野生種の名所が多い。レンゲツツジは群馬県の県花。赤城山、榛名山、浅間高原に多い。

ミヤマキリシマは鹿児島県の県花。雲仙、阿蘇、霧島高原は花の季節は壮観。長崎県の県花ウンゼンツツジはこの種の別名である。

G

さらに、江戸時代久留米藩で育成されたクルメツツジは福岡県の県花。花は小さいが多花で群植すると見事。樹全体が花に覆われる。

最後に、ヒラドツツジは園芸種の代表格。長崎平戸島を中心に、内外のツツジの自然交雑で生じた大輪系で、花色も多彩で豪華。優良種が平戸藩武家屋敷に門外不出として保存されていた。戦後にこれらを基にしてさらに改良が進む。

ナノハナ

菜の花

菜の花の一茎を、古びた竹筒に挿して窓際にでも置くと部屋中に春が漂う。粗野な姿だが何の技巧もいらない。

かつては、緑の麦畑、菜の花の黄色、レンゲの紅は、どこにでも見られた田園風景の圧巻であった。近頃、黄金の河川敷といった異変が出現。加古川の中州や堤防に広大なスケールで菜の花が咲き乱れる。この種は、セイヨウカラシナの一種が野生化したもので、繁殖は旺盛で河川敷を埋めつくす。

菜の花は平凡な花だが、何か童話的な甘い想い出につながる。「蝶々蝶々菜の葉に止まれ、菜の葉にあいたら桜に止まれ」の童謡は豊かな童心を育んでいった。

蝶との組み合わせは春の風物詩。蝶は菜の葉や桜には止まらないが——などと考えると夢は壊れる。「菜の花畠に入日薄れ　見渡す山の端霞ふかし」の歌は文部省唱歌の『朧月夜』。記念切手『日本の歌シリーズ』の四月は「菜の花とおぼろ月夜」である。遠く過ぎ去った記憶を懐かしむ人は多いに違いない。

菜の花は、暖かい感じがする花だが、千利休の自刃の折に、菜の花が生けてあったと聞くと、ちょっぴり寂しい感じもする。

菜の花には、花菜、油菜、菜種、菜種菜などの呼び名がある。植物学的には、アブラナ属全体の花を指していう。

A

四枚の花弁が十字形に開くので以前は十字科植物といった。昔も今も、小学校の理科教材。花や果実の構造を調べたり、モンシロチョウ飼育の食草に使う。

昔の菜の花は、種子から油を搾るのでナタネとかアブラナのことであった。現在は、野菜の類から改良された園芸種で、ハクサイ類カブ類から改良した切り花用で、普通花菜と称している。

これらは、切り花のほか、つぼみを摘んで食べる。菜の花漬けは、野趣に富んだ風雅なもの。食べ過ぎると〝のぼせる〟。千葉、愛知、滋賀などが主産地。千葉県の県花はナノハナである。京都名物の〝花菜漬け〟は、前者と違うアブラナから作っていたが。

アブラナには二つの系統があって、紀元前に大陸から渡来した在来アブラナ。もう一つは、明治になって西欧から入ったセイヨウアブラナの二種がある。京都の花菜漬けは在来アブラナのつぼみを使う。

現在は栽培はほとんどない。カナダから毎年約六〇万トンの種子を輸入して搾油している。〝ナタネ見たけりゃカナダへどうぞ〟といったところ。

明治三三年の『鉄道唱歌』、「大阪いでて右左、菜種ならざる畑もなし、神崎川の流れのみ、浅黄にゆくぞ美しき」の歌詞通り、一望千里の菜の花畑があった。

「菜の花や摩耶を下れば日の暮るる」は蕪村の句。壮観な眺め。

ハナズオウ

花蘇芳

まだ春浅い三月下旬から四月にかけて、純白のコブシやモクレンが大空に映え、庭には鮮黄色のレンギョウが賑々しく咲き、紅紫色のハナズオウが枝の節々にびっしり咲き出すと春は本番。

びっしりと　花とゝのへし　蘇枋《スホウ》かな　一閑子

中国原産、古くより渡来。文化好みの花木として広く植栽された。花は、前年の若い枝に、まとわりつくようにして咲く。葉の出る前に群がって咲くので、いかにも春爛漫といった風情である。漢名「紫荊《シケイ》」。荊は、中国南方の地名で恐らく本種の原産地を、また紫は花色を表わす意らしい。ハナズオウの呼び名について、小野蘭山『本草綱目啓蒙』(一八〇三)の紫荊には、「スハウバナ、ハナズハウ、ハナムラサキ。人家多ク栽。木ノ高丈余。春月ニ先ンジテ花開、深紫色。蘇木《スハウ》煎汁ニテ染タル烏紅色ノ如。故ニスハウバナト呼ブ」と説いている。

花の色がスオウ(蘇芳・蘇枋・蘇木・蘇方)で染めた蘇芳色に似ていることから付いたという。また、「満条紅」という別名は、枝一面に紅い小花が密着して咲くことから付いた名。

さてスオウは、染料植物でその心材の煎汁から赤紫色の蘇芳色に染まる。正倉院には蘇芳染めが保存されていることから、古くから染料として使用されていた。

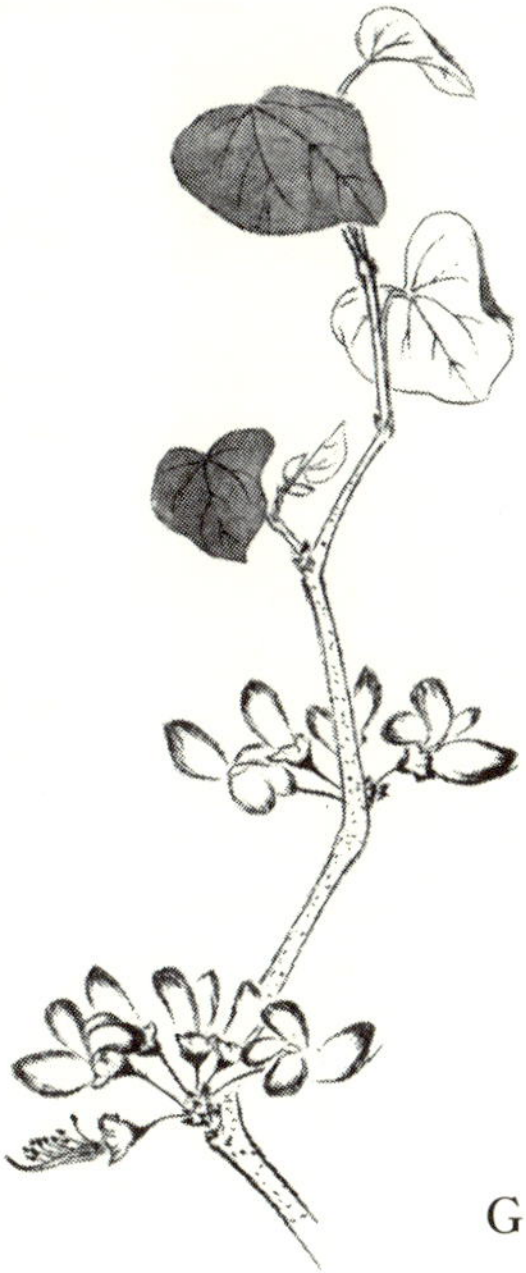
G

スオウはインド、インドシナ半島、中国南部の熱帯アジア、アフリカ、南米などの熱帯、亜熱帯に産する常緑高木。日本へは、奈良時代以前に中国から入ったもの。インドではスオウのことを「ブラジル」と呼んだ。ヨーロッパには「ブラジルの木」の名で伝えられ重要な産物となっていった。

一五四〇年代にポルトガル人が南米のブラジルを発見したとき、北部海岸山脈に「ブラジルの木」が沢山生えていたことから、その国をブラジルと呼ぶようになった。

話を本題に戻そう。ハナズオウの仲間には三種がある。ハナズオウが通常種で広く植栽されている。原産は中国南部を含む東アジア。一方、欧州南部原産のセイヨウハナズオウとアメリカ原産のアメリカハナズオウがある。両種とも日本には馴染みが少ない。

セイヨウハナズオウにはこんな伝説がある。キリストを裏切ったユダは、罪を後悔して、この木で首を吊って縊死したという（『マタイ伝』第二七章）。

伝説の信ぴょう性は別として、通常のハナズオウは丈が短かいので首吊りにはちょっと無理。セイヨウハナズオウは材は堅く、高木になるので首吊りには格好の高さ。ユダが何故この木を選んだのか、花の色に誘い込まれたのか――。全ては永遠の謎。「ユダノキ」の別名は、聖書に由来しているのだ。

ハハコグサ

母子草

立春を過ぎても寒さは厳しい。近頃、飽食の反動か、七草粥の人気上昇中。加えて、「贈答用七草セット」、「七草おにぎり」といった新顔など様変りしてきた。

七草の風習は既に平安初期から。中国楚（湖北・湖南地方）の年中行事を記した『荊楚《けいそ》歳時記』（五三〇頃）に、「正月七日を人日と為《な》す。七種の菜を以て羹《あつもの》を為《つく》る」とあり、この風習を模したのだろう。「人日節供」、「七草節供」と定めたのは江戸幕府。

もともと七草の「七」は、若菜の種類の実数ではなく、恐らくナナは菜に通じる多くの若菜と考えられる。

『枕草子』の「七日の若菜」には、「七日の若菜を、人の六日もてさわぎ取り散らしなどするに、見も知らぬ草を……」とあるが種類の記述はない。

光孝天皇の、「君がため春の野にいでて若菜つむ　わが衣手《ころもで》に雪はふりつつ」の歌にも種類はない。

『古今要覧稿』には、「正月初めの子《ね》の日に若菜をつむ〝子日遊《ねびのあそび》〟は、嵯峨天皇の弘仁四年（八一三）を初めとし、七種を薺《ナヅナ》　蘩蔞《ハコベラ》　芹《セリ》　菁《スズナ》　御形《オギョウ》　酒々代《スズシロ》　佛座《ホトケノザ》に定められしは四辻左大臣を始とす」とある。その後、四辻左大臣（善成）によって、「セリ、ナズナ、ゴギョウ、ハコベラ、ホトケノザ、スズナ、スズシロこれぞ七草」と並べ替えられた。

このうちのゴギョウ（御行・オギョウと詠む）は、道端、田の畔《あぜ》などにある。キク科越年雑草。全

E

草に白い軟毛に覆われ、草丈二〇センチ前後。夏、茎項に細《こま》かい黄色の頭花が多数つき秋に種子ができる。

ハハコグサの呼び名について、『日本植物方言集』には一五〇種ある。漢名は「鼠麹草《そきく》、黍麹草《しょきく》」。古語には「波々古《ははこ》、比岐與毛岐《ひきよもぎ》」など。

さて、母子草《ハハコグサ》の初見は、文徳《もんとく》天皇一代の歴史を誌した権威ある歴史書といわれる『文徳実録《もんとくじつろく》』（八七九）の嘉祥《かしょう》三年（八五〇）五月の条に、「俗に、母子草と称されるもので、二月初め頃生じ、茎葉白く脆《もろ》く、毎年三月三日に婦女子がこれを採って蒸し、ついて餅を作り、年中行事の一つとされた」と出ている。

三月三日の桃の節供の草餅は、古くはハハコグサを用いていた。ヨモギを使うのは比較的新らしいようだ。モチ稲の無かった当時は、餅のつなぎに毛の多いハハコグサが好適だったのだろう。

前述の『荊楚歳時記』にも、「三月三日、是の日、黍麹《しょきく》の汁を取りて、蜜に和して米粉に加へ餅とす」とある。

一方、『大言海』の母子草には「這子《はうこ》に供ふる餅の義なり」としており、這子が母子草に転じたのではないかとしている。また、御行《オギョウ》は、「母子の形代《かたしろ》（人形）の義なり」とも述べている。

老いて尚　なつかしき名の　母子草　　虚子

無病息災を祈る名前だ。

ボケ
木瓜

春の足音が聞こえてくるとボケの花が咲きはじめる。普通三、四月頃になるが、暖冬の年は早い。ボケはバラ科ボケ属の総称。原産地は、中国南部、ミャンマー北東部と日本に一種がある。ひと口にボケといっても種類は多く、交配種を含め園芸品種は多い。

開花時期も、春咲きのほか、寒咲き、四季咲きがあり、また木の姿も、立ち性、斜上に伸びる、地に這うものといった性質に分ける。

花色も多彩。緋紅色、黒赤色、薄紅、白のほか、一株に紅、白、白地に紅の吹っかけなどの咲き分けの品種。一重と八重咲き、小輪、大輪多花性と見事なものもある。

江戸時代から盛んに作られ、近年欧米の改良種の導入によって活発になっている。庭木、盆栽、鉢植えとして魅力ある花木である。

日本原産のボケをクサボケともいう。のどかな田舎道や田畑の縁を緋紅色に染める。別名シドミは「朱留」の意で、緋紅色の花が点々と咲く様から出た名だという。

土近くまで　ひしひしと　木瓜の花　　虚子

クサボケは細い枝が地をはうように伸び、根元の太い枝に花が咲く。枝にはトゲがあり、黄熟の小果は酸っぱい味がする。

中国産のボケの果実は漢方薬にする。また、砂糖と焼酎に漬けたボケ酒は香気絶品。強壮滋養、不老長寿の薬として珍重。

古くは、オニユリ、ヒガンバナと共に祝儀の生け花に使わなかった。忌み花の理由は、トゲがあるためだろうか。花言葉は「熱情」。

古書に面白い俗信がある。「久しく坐して麻痺転筋する時、ボケボケと呼ぶ時は速に治す」とある。つまり、転筋（こぶらがえり）を起こしたとき、ボケの名を唱えたり、地上に木瓜の字を指で書くとたちまち治るという俗信である。やってみないと効果は不明。

ボケの呼び名は、木瓜（モッカ）のなまったもの。中国の木瓜はカリンのことらしい。いずれも卵球形の果実ができる。ジナシ（地梨）、ノボケ（野木瓜）、コボケ（小木瓜）の名もある。大言海には「実ノ形小瓜ノ如シ」とある。

F

漱石の作品にはいくつかの植物が登場する。『草枕』に木瓜がある。「木瓜は面白い花である。枝は頑固で、かつて曲った事がない。そんなら真直かと云ふと、決して真直でもない。只真直な短かい枝に真直な短かい枝が、ある角度で衝突して、斜《しゃ》に構へつつ全体が出来上って居る。そこへ、紅だか白だか要領を得ぬ花が安閑と咲く」とボケの性状を実に巧みに捕えている。さらに、この花を「愚にして悟ったもの」と評し、「拙を守ると云ふ人」の生まれ変わりで、「余も木瓜になりたい」という願望を書いている。

自家不稔性が強い反面、他品種とよく交雑するので品種は多い。

ミツマタ

三叉

春、黄色い小花が寄り集まって薬玉のような花が咲く。ミツマタは春らしい花木である。独特の雅味と俳味があるため、茶花、生け花として愛用されている。

花は花弁の無い無弁花。ガク片が筒状に発達したものでジンチョウゲも同じ。先端は四裂、ガク筒の外面には白毛が密生、内面は無毛で鮮明な黄色、そり返るようにして咲く。

黄色のほか、紅一点の赤色が最近出回っている。美しさは素晴らしい。戦後に高知県で選抜された。接木で殖やしているためか少々値段は高いようだ。

中国原産のジンチョウゲ科の落葉低木。稀に野生化しているが、これは古く渡来したものが野生化したものと考えられる。

コウゾ、ミツマタ、ガンピは和紙原料の御三家。前二者はジンチョウゲ科、ガンピはクワ科である。いずれも樹皮を剥いでその繊維を使う。

ミツマタの繊維は、緻密、弾力性、光沢に富み、紙幣としては最高良質。その上、虫の害や苛酷な使用にも耐え、偽造防止にもなるといわれる。現在の一万円札、五千円札はミツマタが主材料とか。

利用範囲は広く、紙幣のほか局紙、例えば、免許状などの厚手つや紙。また、鶏卵の色に似た鳥の子紙は、肌が滑らかで文章を書くのに適する。このほか、薄手高級紙やコピー用紙などに使われている。

日本の和紙はコウゾ製紙が早く、次いでガンピが登場するのは奈良時代で、ミツマタ製紙は江戸期からと比較的新しい。日本の紙幣は明治以来、ミツマタ、ガンピを使う。

ガンピは栽培困難だが、ミツマタは容易であるため今日では原料の王座となっている。栽培の早かったのは静岡で、江戸期の駿河半紙はその初めだという。

現在では、四国や中国の各県が栽培しており、特に山口県は、旧藩時代から伝統があり、県産のミツマタは良質を誇っている。また高知県も栽培経験が古い。

種類として、樹皮の色によって赤木種と青木種がある。赤木種の方が花木としては着花数も多く適しているようである。

ミツマタは三椏、三叉、三股と書く。また、三枝《サキクサ》、黄瑞香《オウズイコウ》、ムスビキ、ジュズグサなどの呼び名がある。

B

枝先が常に三つに分岐することから付いた名。

『万葉集』にある「春されば先づ三枝《サキクサ》の幸くあれば　後にも逢はむとな恋ひそ吾妹《ワギモ》」、の三枝には諸説あるが、春早く咲き、三つに枝分かれ、かつ繊維植物らしく思われることからミツマタ説が有力とされる。

黄瑞香《オウズイコウ》は黄色の花が咲くジンチョウゲのこと、ムスビキは枝をたわめて結ぶ木、ジュズグサは、つぼみが数珠のようにぶら下がっている姿を呼んだ名前である。

モクレン

木蓮

水温む三、四月頃、明るい陽光を浴びてモクレン（木蓮）が咲き出すと、庭は急に華やいでくる。モクレン属には、一般に大形の美しい花を咲かせるものが多い。「花木の女王」と称し、洋の東西を問わず広く親しまれている。

一般に知られている仲間の名前を上げると、庭木としてモクレンとハクモクレン。日本の山地に自生するコブシ、シデコブシ、タムシバ、ホウノキなど。加えて、欧米でハクモクレンとシモクレンを交雑したサラサモクレンをはじめ多くの改良種が市販されている。

さて、モクレンには、白い花色のハクモクレン（白木蓮）と濃紫色のシモクレン（紫木蓮）がある。両者はれっきとした別種であって、単に木蓮といえば後者を指す。

両者共中国原産で、古く日本に渡来。漢名は、紫木蓮に「木蘭《モクラン》」、白木蓮には「玉蘭《ギョクラン》」の名を付けた。「蓮」はハスの花を思わすことから、また「蘭」は、その香りのある白花を好んで名付けたという。中国では、「玉蘭は春初に開き、木蘭は四月花咲く」と区別しており、漢代より宮廷の花木として観賞されていたようだ。

わが国への渡来は詳かでないが、貝原益軒の『花譜』（一六九八）の玉蘭花《もくれんげ》に、「紫白二色あり。花大なり。むらさきは、花よからず。しろきをまされりとす」の記述がある。

夏目漱石の『草枕』に、「歩を移して庫裏へ出ると、その屋根より高く一抱えもある木蓮に気づく。

枝が重なり合った上に月がかかり、花は群がって咲いている。花の色は無論純白ではない。徒らに白いのは寒過ぎる。専ら白いのは、ことさらに人の眼を奪ふ巧みが見える。木蓮の白は夫《それ》でない。極度の白きをわざと避けて、あたたかみのある淡黄に、奥床しくも自らを卑下してゐる。（中略）木蓮の花許《ばか》りなる空を瞻《み》る」と書いた。

漱石が作品に取り上げた植物は、ざっと一五〇～六〇点あるといわれるが、特に木蓮が好きだったようだ。しかもハクモクレンの特徴を見事に捉えている。

拙宅の庭にも両種がある。柔毛の様な苞に包まれたつぼみが日に日に膨れている。葉が出ていない枯れ木に、三月終りには乳白色の壮大な花が枝いっぱいに綻び、眺める人の心は晴れば晴れ爽やかになる。「美人薄命」の名の通り、花の命は短かく一朝一期哀れな姿に変る。

一方のシモクレンは遅く四月半ばに咲く。前者は花被六枚とがく三枚の大きさが同じで区別し難いが、後者のシモクレンは、三枚のがくは小さく見栄えは劣る。

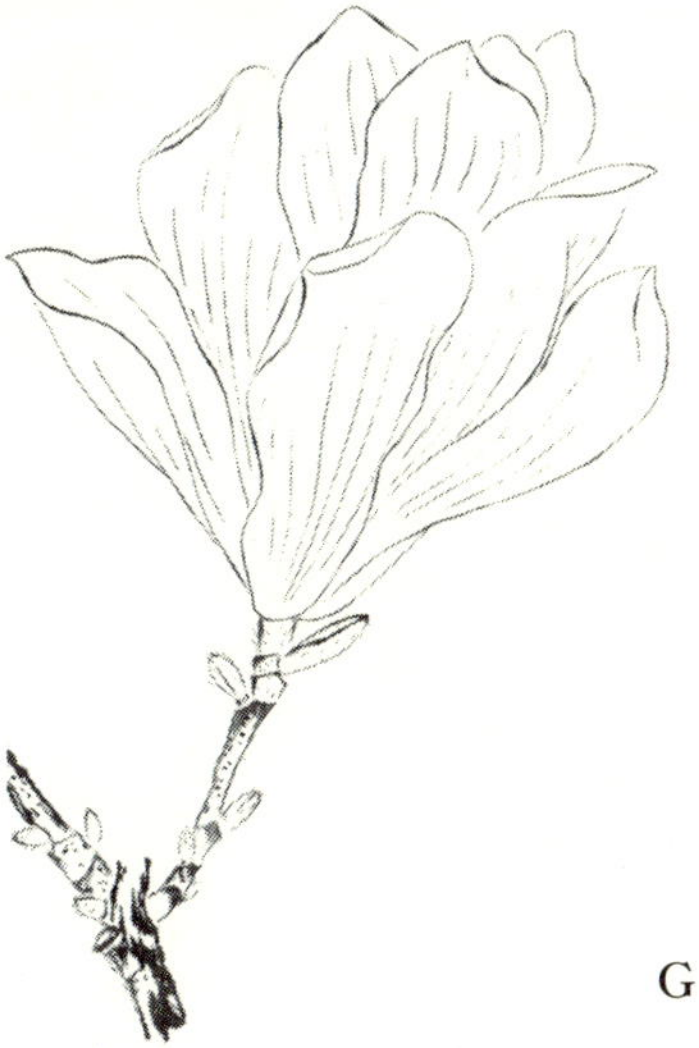

G

なおモクレンは、花の構造などからみて、「白亜紀」に出現した最古の被子植物群と想像されている。虫媒によって繁殖する先史時代の植物が、現在も太古のままの特殊な美しさを見せていることに改めて生命の進化に感動を覚える。

モモ

桃

三月三日は桃の節句の雛《ひな》祭り。きらびやかな雛人形を飾って女児の幸せを願う行事。雛壇には菱餅、白酒、桃の花などを供えるのが一般的である。ケース入りのミニチュアものから豪華な調度品を備えたものまであるが、桃の花はすべてが造花である。

桃と雛祭りの関係は、単なる季節の上からだけではない。中国では、桃は邪気を払う霊力のある瑞祥植物とされていた。

雛祭りも、もともとは人のけがれを人形に托して祓《はら》い清めるという民俗行事であって、その場に、桃を立てて、病気や災いを除こうとする願いであったのである。

「桃花酒」と称する商品があった。桃の花と麹《こうじ》にごはんを混ぜて発酵させて作った酒で、これが白酒に転じたといわれている。「白桃花」という漢方薬も売られている。白桃のつぼみを乾燥したもので便秘、咳止めに効くという。葉を風呂に入れると、あせも、湿疹に効く。

桃は長寿のシンボルでもあった。桃を食べた老夫婦が若返って子供が生まれたという信仰から、「桃太郎」の昔話が作られた。桃から生まれた桃太郎は、犬、猿、キジを家来にして鬼が島に渡って鬼退治してがいせんする物語。

岡山県吉備津神社のお祭りには人出は多い。岡山県の県花。

桃は中国原産。中国では古くから栽培され、仙果として珍重されていた。山口や宮崎には野生種があるが、これは古い時代に中国から渡来したといわれている。

日本の文献には『古事記』に登場、歌に詠まれるのは『万葉集』である。イザナギノミコトが死後の世界の黄泉国に、妻のイザナミノミコトを訪ねた折、鬼に追われたが、そのとき桃の実を三個投げて鬼を退散させ逃げ帰ったという神話。

最近、奈良県牧野《ばくや》古墳の石室から、桃の実が出土したという報道があった。桃は邪気を退散させ、被葬者の霊を封じ込める呪力があるとする神話が実証されたと話題を呼んでいる。

万葉の歌人大伴家持は、「春の苑《その》紅におう桃の花　下《した》照る道に出で立つ乙女」と詠んでいる。今を去る一二〇〇年前に詠まれたとは思えぬほど現代的な歌ではないか。

桃の花には、どこか幻想的なものがある。俗世間を離れた別天地を「桃源郷」という。中国の故事によるものだが、桃園に入ると、ふとそんな思いが浮かぶこともあるが、現実は厳しい。

G

「桃花柳眉」は中国美人の形容詞。中国の人々は、この花に、ひたむきな思い入れをしているようだ。花言葉は「あなたのような魅力」。
「桃栗三年柿八年」の例え通り、早く実がつく。完熟がうまい。頭の方が甘いので、縦割りで甘味は公平に。花を楽しむハナモモは一重と八重、桃色のほか白や赤もある。

ヤナギ

柳

銀白色に光るネコヤナギの花穂が、早春の陽光を受けて春の到来を告げている。春はネコヤナギの芽吹きから訪れる。

ヤナギは昔から日本人に親しまれてきた植物だが、『記紀』、『風土記』にない比較的新しい渡来植物で、原産地は中国、奈良時代の渡来という。

『万葉集』には約四〇首。早春の芽吹きの美しさ、しなやかな枝、たおやかな風情など、当時の文化人たちは、ヤナギの美しい姿を仰いでは、唐文化への憧憬と詩情を燃やしたに違いない。

中国はヤナギの国。中国を訪問して分かったことだが、市内至るところの街路樹や遠景、近景のすべてにヤナギが織り混ぜられており、すっかり生活の中に溶け込んでいるようだった。

「花は紅・柳は緑」は、中国文化表現の一つ。春はモモの紅とヤナギの緑で代表される。中国民族特有の風趣とまでになっている。

中国ではヤナギを「楊柳《やんりゅう》」と呼ぶ。枝が立ち上がっているものを楊、柔らかく下垂しているものを柳と呼んで区別。ネコヤナギは前者、シダレヤナギは後者に入る。

ヤナギの美は、その枝条のみにあるのではなく、晩春の空に舞う柳絮《りゅうじょ》の景観も素晴らしい。俳句の「柳絮飛ぶ」は春の季語。柳絮とは、種子の基部にある白毛のことで「柳の綿」と呼んだりする。

晩春の暖かい日に自然に綻《ほころ》んで飛散する。日本でも見られるが、中国人が特に注目している。綿のような絮が、晩春の大平原を飛散するさまは、まさに中国ならではの圧巻というもの。

ヤナギはまた美人の形容詞にも使われている。柳葉のような眉を柳眉、風になびく長く美しい髪を柳髪、しなやかで優雅な腰付きを柳腰などと呼んだりしている。

ヤナギは色街に多い。歓楽街に植えられたモモとヤナギから「花柳界」の言葉もできた。「梅にからまる柳の糸を　解きに来たのか春の風」といった粋な歌も出た。誰が名付けたのか「吉原の見返り柳」は、言外の意味は深いようだ。

「昔恋しい銀座の柳　仇な年増を誰か知る」の歌は、全国を風靡《ふうび》した懐かしのメロディー。関東大震災で全滅した「銀座の柳」は、昭和の初めに再植された。「銀座の柳」の歌は、健全な繁栄のシンボルとして唄われたのであった。

強靭な生命力に加えて、「柳に雪折れなし」とか、「柳に風」と受け流す柔軟性もあるし、その上、「柳の下に何時もドジョウは居らぬ」と戒めるのである。

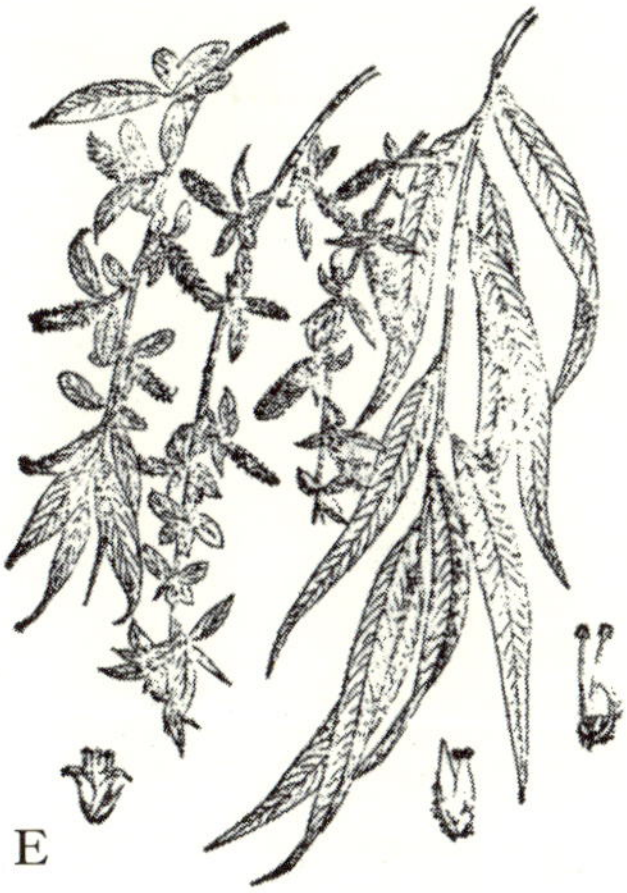
E

「シダレヤナギに飛びつく蛙」は一一月の花札。傘をさした小野道風と、飛びつく蛙は、私たちが習った戦前の修身にあった。失敗にこりず、何回も何回も試みてついに柳に飛びつく。嫋々《じょうじょう》としたヤナギの枝に、そんな思いがよぎるのである。

ヤマブキ

山吹

百花繚乱の花季。さみどりに映えるヤマブキの黄はひときわ明るい。

山吹色といえば、昔から大判、小判の異名。黄金色という文字は、このヤマブキのために作られたのかと思うほど、明るく清潔感に溢れ、花言葉の「気高い」もこの植物にはぴったりの言葉。

ヤマブキは日本原産。谷川沿いの湿った斜面に群生するが、野生品は少なくなった。

「ほろほろと山吹ちるか滝の音」は芭蕉の句。春風に散る吉野を旅した折の句。水辺によく育ち、かつ映えるので〝山吹と水〟は昔からの定石。

「菊水異説」もある。楠木正成の定紋は、ヤマブキが水に流れる風情を写したものだという説。菊は後世誤って伝えられたというのである。

「山吹のうつりて黄なる泉かな」は嵐雪の句。花の黄と清水の泉よりなる「黄泉《よみ》」は、死者のおもむく聖なる境地でもあるのだが。

ヤマブキはバラ科ヤマブキ属のヤマブキで一属一種のみ。ヤマブキは普通五弁の一重で、八重の変種をヤエヤマブキと呼ぶ。一重はよく実がつくが八重はできない。

築城の大家太田道灌の故事は有名。鷹狩りに出かけ雨に出会った道灌は、付近の農家で蓑を借りようとしたとき、乙女が無言で山吹の花一枝を差し出したという。

道灌はその意味が分からず、後に「七重八重花は咲けども山吹の実の一つだになきぞ悲しき」という古歌で答えたことを知り、己の無学を恥じ、以来発奮して和歌の大家になったという故事。
この歌、『後拾遺《ごしゅうい》和歌集』に伝える兼明親王の歌で、文盲の多かったその昔に、この歌を知っていたというから、よほどの才媛であったのだろう。

一方、この歌が果たして八重か否かという議論もある。山吹の実は小さくて気付かないことが多い。現代でさえ、「ツツジに実ができるか」と問われて即答できる人がどれだけいるだろうか。七重八重に重なって咲く山吹に昔の歌人が実を見逃すことだって有り得ることではないか。ヤエヤマブキが文献に出るのは『花壇綱目』（一六八一）が初めてである。

ヤマブキの名は、しなやかな技が、風に揺れ動く「山振り」から出たともいう。古くは、「振る」を「ふく」ともいった。「振り」は「ふき」になるのでヤマブキとなる。フキと名が付くばかりに、ヤマブキを食べたという実話まである。

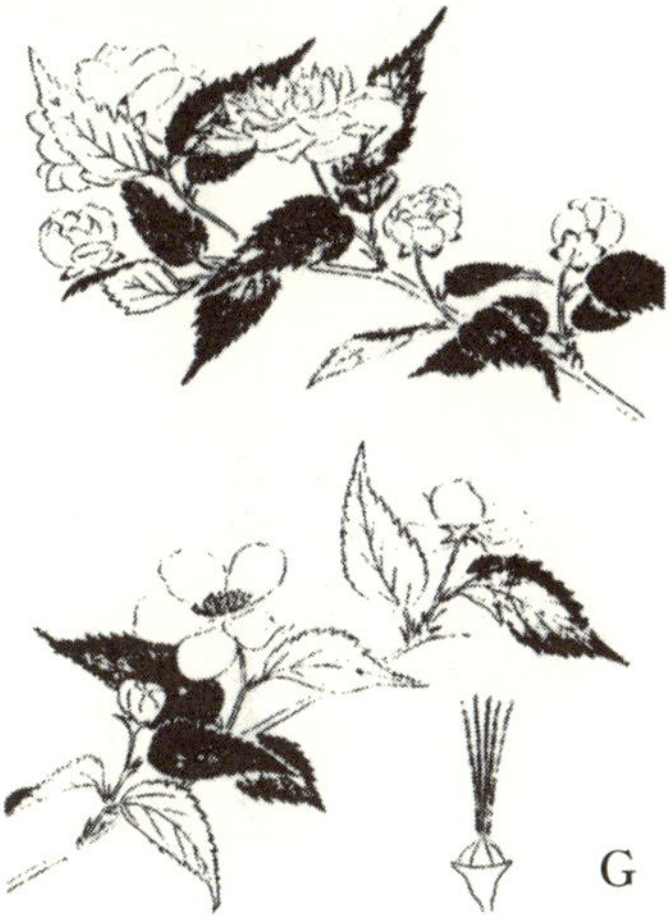
G

「面影草、鏡草」の別名がある。昔、愛し合った二人が、別れねばならなくなった。二人は鏡をとり出し、面影を写してその場に埋めて別れた。その後何年か後にヤマブキが生い茂った――という伝説。

シロヤマブキは別種で花弁は四枚。また、藪や林中の日陰地に生える「山吹草」というケシ科の宿根草もある。ヤマブキに似た花である。

レンギョウ

連翹

空に白のコブシが咲き、庭に鮮黄色のレンギョウが咲き出すと、あたりは明るく早春の余情が漂う。春早く咲く花には不思議と黄色の花が多い。ナタネ、タンポポをはじめ、マンサク、サンシュユ、トサミズキ、エニシダ、オウバイなどがその例。

三寒四温と呼ばれるこの時期、微妙な気温の変動と黄色の花には何か関係がありそうな気もする。人間の才覚を遥かに越えた大自然の英知というものだろう。

黄は人目につき易い色。花の色に飢えていた人の心に、春を与えてくれる自然の贈りものだ。モクセイ科レンギョウ属は世界に九種。レンギョウは中国原産の落葉低木。漢名「連翹」の音読み。日本にもヤマトレンギョウと称する一種が岡山西部の石灰地帯に自生するが観賞価値はない。

長く伸びた枝一面に、黄色の花をいっぱいつける。花は四深裂、葉に先だって咲くので、遠くから眺めるとまるで黄蝶が舞うよう。

連翹の名は、枝についた多数の花の姿が、あたかも鳥が尾羽を広げた形に似ることからついたという。

彫刻家であり詩人だった高村光太郎忌の四月二日を連翹忌という。レンギョウの花が好きだった彼の告別式には、お棺の上に庭のレンギョウが一枝置かれていたとか。

世界各地で花木として親しまれている。「春はレンギョウではじまり、秋はキクでおわる」という言葉はヨーロッパの園芸家がいう例え。中国が世界に贈った代表的植物。

日本への渡来は詳らかでないが、平安後期には薬用として栽培していたともいう。果実の生薬名を連翹と称し、煎汁は消炎、利尿、排膿に効く。

一説には、江戸初期の天和（一六八一〜一六八三）の頃入ったという。前述の平安後期の連翹なる植物は、今日のトモエソウを指しているのだと主張する学者がいる（牧野富太郎博士）。真偽は不詳だが、中国の『中国高等植物図鑑』を見ると、連翹は今日のレンギョウとなっている。

英名は、ジャパニーズ・ゴールデン・ベル。黄金の鐘を吊るした花を咲かす日本産植物の意味。中国原産なのに日本産となっているので、もしかすると、日本から欧州に入ったのかも知れない。渡来の年代は一八三三年といわれる。

日本の別名に、イタチグサ、レンギョウウツギの名がある。動物のイタチとは無関係で、イは置き字。枝が真っ直ぐ伸びる姿に見立てた。レンギョウウツギは、牧野博士の命名。枝が中空だからついた名。

レンギョウの仲間に、シナレンギョウ、チョウセンレンギョウに加え、近年欧米で改良された西洋レンギョウがある。これらの区別は素人にはまぎらわしい。

花にはほのかな香りがあり、夏の新緑もすがすがしく優雅。

B

レンゲソウ

紫雲英

畦道や田圃の片隅に野生化したレンゲソウが咲く。タンポポ、スミレ、レンゲソウは春野の三姉妹。緑のムギ畑、黄色のナタネ、紫紅色のレンゲソウの三原色は、どこにでも見られた幻想的な田園風景であった。

レンゲ畑は子供らの格好の遊び場だった。一面に咲き染められたレンゲのカーペット。学校からの帰り道、カバンをポーンと放り投げて、素足でかけ回った。

チャンバラごっこ、とっ組み合いと暴れ回るうちに疲れて、仰向けにひっくり返る。柔らかく、ひんやりした感触は心地よかった。空には白い雲がゆっくり流れていく。さえずり止まぬヒバリの鳴き声。頬を撫でるレンゲの香り。目をつむる。学校の束縛から解放される一刻であった。

女の子らは、花を摘んで首飾りを作る。二～三本ずつずらしながら三つ編して大きな輪にする。レンゲの風車は、タンポポの茎に花を挿し、別の茎をストローにして息を吹く。強く、弱く。抜けそうになりながら紫紅色の花の輪は軽やかに舞い続ける。

草花を素材とする伝承遊びは、子供文化の遺産の一つである。かつての子供たちは、自然の恵みを巧みに遊びの中にとり入れていた。物質的に恵まれていなかったが、豊かな自然の中で伸び伸びと遊んだ子供たちは、現代っ子には味わえぬ宝をたくさんもっていた。

花は夜睡眠する。西の空に夕焼け雲が浮かぶ頃、花びらをそっと閉じ、うつむきかげんに垂れ下がる。翌朝、太陽と共に目覚める。

花は可憐で美しいので、小鉢や石皿に田の土を入れて栽培したりする。秋に播くと早春に発芽し、四月には鉢一面に広がって咲く。窓辺に置いて眺めるとちょっとしたものだが、「やはり野におけレンゲソウ」の例え通り、畦道に咲き乱れる風情がよい。

若芽は、おひたし、油いため、揚げ物など近頃流行の食用野草。一方、全草を乾燥して解熱、利尿の民間薬にする。レンゲの花言葉は「あなたが居れば私の苦痛は和らぐ」であるが、民間薬の「和らげる」薬効と一脈通じるようだ。

昔は緑肥作物として水田の裏作物として栽培した。根に根粒菌が寄生して空中窒素を固定する。花盛りの頃、石灰と共に田に鋤き込む。なお、牛の飼料として重要であった。

一方、優秀な蜜源植物である。レンゲ蜜は良質で、ミツバチがせわしげに動き回って蜜や花粉を集めている。その花粉が健康によいというので、巣箱の入口に金網を張り、こすり落とした花粉を集めハチ蜜で練って食べる健康法もあるとか。

近年レンゲソウの価値が見直されてきた。地力増進、蜜源と養蜂振興、農村環境の美化の観点から。

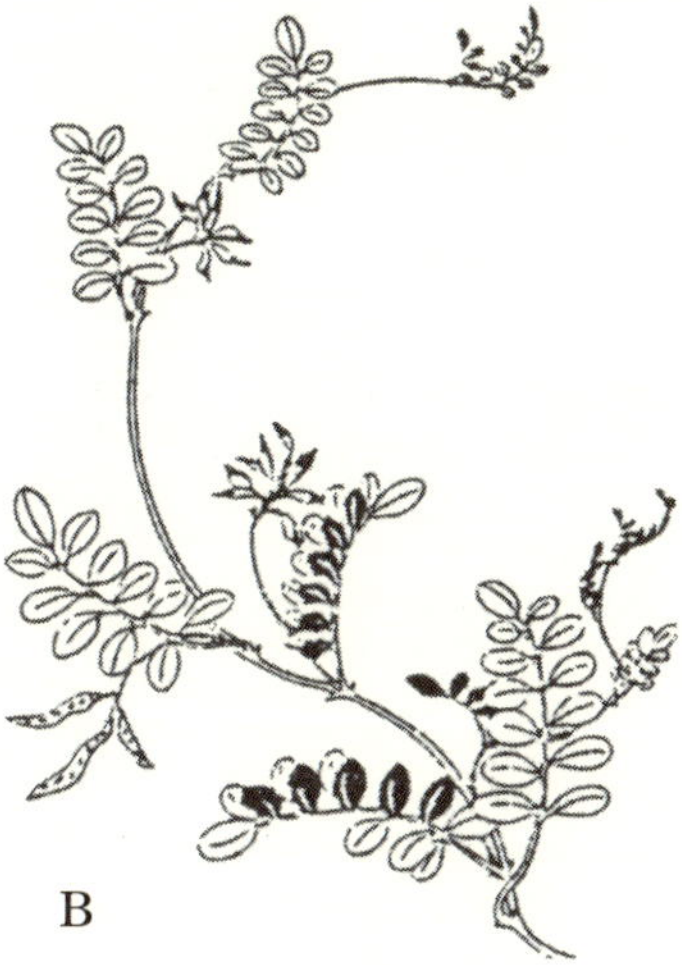

B

夏

アオイ
葵

垣根に列植されたタチアオイが初夏の空に大輪の花を咲かせている。アオイは夏の花であり壮観な眺めである。

今日、アオイといえばタチアオイのこと。アオイは古くは「アフヒ」と呼んだ。「日を仰ぐ」姿からついたという。アオイが太陽の方を向く。

アオイは一般に宿根草だが、種子を播いて育てるものも作られている。花色も白、桃、赤、黄など多彩で八重もある。花期は初夏から初秋までと長い。

アオイ属は日本になく、ほとんどが中国から渡来した。そのため漢名で呼ばれることも多い。タチアオイは「蜀葵《ショクキ》」、ゼニアオイは「錦葵《キンキ》」、モミジアオイは「紅蜀葵《コウショクキ》」である。

花の世界にも栄枯盛衰の歴史があって、アオイの仲間もその例が多い。ゼニアオイは、かつては農家の庭先ではいつも見られた花だったが今では珍しい。

もう一つはフユアオイ（冬葵《トウキ》）で、今では根絶に近い。古い時代は、アオイといえばフユアオイのことであって、現在では全くの斜陽の花。房州や明石の海岸地帯などに僅かに野生化しているといわれるが実物は知らない。

平安時代は野菜であった。中国では五菜の一つで、葉を煮物、漬物、干し菜にして食べる。

『万葉集』にはアオイの歌が一首ある。「梨なつめ黍《キミ》に粟つぎ延《は》ふ田葛《クズ》の後《のち》も逢はむと葵花《アフヒ》咲く」。

この歌、当時の食膳に供された植物名を、ナシ、ナツメ、キビ、アワ、クズ、アフヒの六種を詠みながら、「君」と「逢う日」の恋心を歌ったものといわれている。

一方、葵の名前であるが前者のアオイ科とは全く別種のフタバアオイもしばしば登場してくるので実にまぎらわしい。フタバアオイはウマノスズクサ科の植物で、山奥の林床に生える多年草である。「二葉葵」は言葉通り、ハート型の二枚の葉が株元から二方に分かれて出る。その間から紫紅色の小さい鈴の形に似た花を一つだけつける。変な格好の植物である。

さて、『源氏物語』の「葵の巻」や『枕草子』の「枯れたる葵」もこのフタバアオイであり、また、京都葵祭の神紋もこれである。平安の行列には、フタバアオイを飾って参加するのである。

「三葉葵」は徳川一門の独占家紋。人々に恐れられ、羨望の的であった葵紋は最高の権威のシンボルであった。

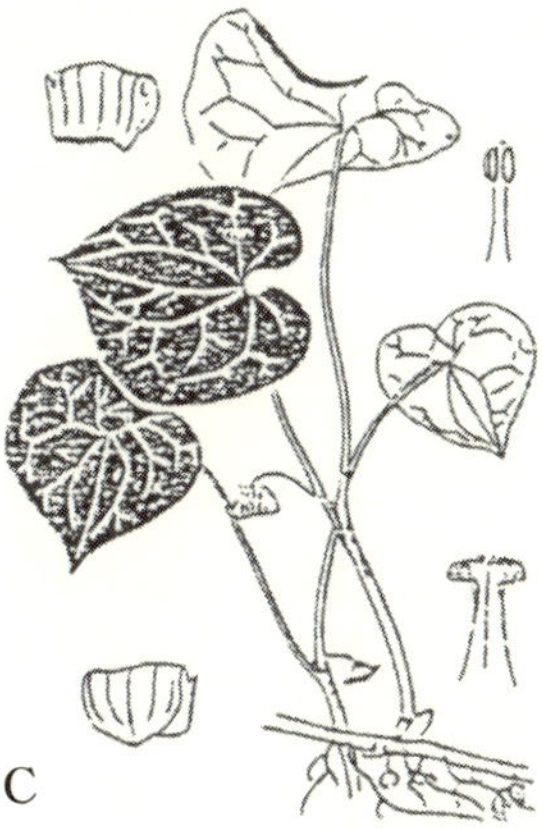
C

三葉葵という植物はこの世に存在しない。フタバアオイの葉を三枚に図案化したもので、天下を統一した家康からである。

三河には賀茂の氏子が多く、徳川家もフタバアオイを家紋にしていた。歴史の流れの中で、葵紋は凋落してしまったが、三葉葵は茶の間の中に、フタバアオイは賀茂祭の中で生き続けているのである。

アカシア

針槐樹

快い五月の風が樹々の緑を渡る頃、アカシアの花が枝いっぱいに房状に垂れ下がって咲く姿は、花に戯れる胡蝶にも似て優雅である。

アカシアは、北アメリカ原産のマメ科落葉高木。日本でいうアカシアは、植物学上はハリエンジュ、またはニセアカシアのことで、真のアカシアとは別属のものである。両種の呼び名はいささかまぎらわしいが、アカシアといえば普通はこのニセアカシアを指し、真のアカシアは、ミモザとかハナアカシアと称している。

アカシアの花が咲く頃は雨が多い。走り梅雨、若葉雨といった言葉もあるほど。雨に打たれたアカシアの花が樹下一面を白く染める。

「アカシアの雨にうたれて　このまま死んでしまいたい――」という歌は、水木かおる作詞の六〇年安保の時代を彩る流行歌。深刻調の歌のようだが、花言葉は「死にまさる愛、プラトニック・ラブ」とあるからうなずける。

アカシアはどこかエキゾチックな匂いのする樹。白秋は、西洋風のこの花に強く心惹かれたようである。雨のアカシアの二首。

「あかしやの花ふり落す月は来ぬ　東京の雨わたくしの雨」。また、「ほのぼのと人たづねてゆく朝はあかしやの木にふる雨もがな」。

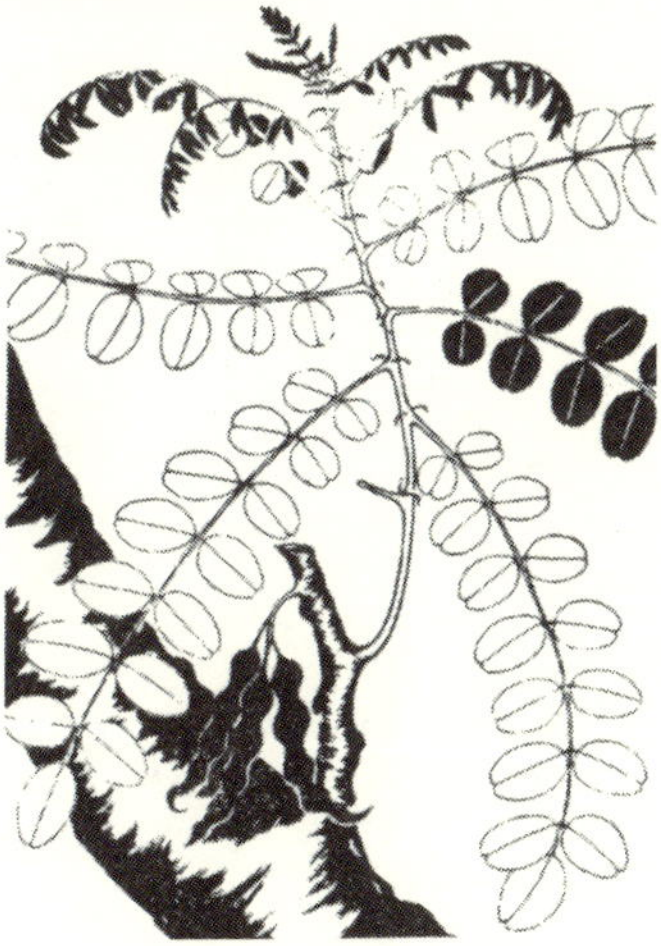

開拓当初の札幌で詠んだもの。札幌駅前通りのアカシア並木は、西洋風のこの花がよく似合う。明治一〇年に植えられたというが、スズランと共に、たわわに咲く白い花は緑に映えて一入美しい。白秋の童謡「この道」は、懐かしい名曲。「この道はいつか来た道、ああ、そうだよ、あかしやの花が咲いている」の文句。大正一五年の作詞、山田耕筰作曲のこの歌は、知らない人はいないほど有名。白秋は、郷里の福岡県柳川市に咲いていたアカシアと札幌のイメージとを重ね合わせて作詞したともいう。

明治六年、オーストリアのウィーンで開かれた万国博覧会に派遣された津田仙が種子を持ち帰ったのが日本での初め。津田仙の子が津田梅子で津田英学塾（現津田塾大学）の創始者である。日本初の街路樹はアカシアである。明治八年、彼の種子から育成された苗を、東京千代田区大手町に植えたのが初め。「明治八年ニセアカシアをこの道路に植えた」という石碑が建っている。

適応力が強く、日本各地に分布しており、その上、マメ科のため土地が肥える。砂防のための造林に最適。神戸市も大水害のあと六甲山各所に造林した。

信州蓼科から白樺湖にかけても多く植えられる。今年の五月中旬、研修旅行に同行したが霧雨で視界悪く姿を見ることができず残念だった。また花に芳香があるので蜜源植物としても重要な樹種である。

ウグイスカグラ

鶯神楽

スイガズラ科の落葉小低木で、北は北海道から南は鹿児島までの各地の山地に自生している。細い枝が多数分岐する野趣に富む木のため、垣根の植え込みにしたり盆栽などと広く植栽される。春、若葉の出る頃、葉の付け根から細い花柄が出て、ピンク色のヒョウタン形をした花を吊り下げる。

初夏には、グミのような鮮紅色の果実が垂れ下がる。甘いので以前は子供らの舌を喜ばせていた。古くは「ウグイスノキ」と呼んでいたらしいが、何時頃から「ウグイスカグラ」と呼ぶようになったのだろうか。

先ず、「ウグイス」は鳥の鶯《ウグイス》だろう。さて「カグラ」は、「神楽」か、それとも別の由来から出た言葉か。

江戸時代の古書には、「鶯の始めて啼《な》く頃咲く故に名付けしにや」と出ている。つまり、ウグイスの鳴きはじめる早春に花が咲くので付いた名というのである。

次に、「鶯隠れ」・「ウグイスカクレ」→ウグイスカグラになったとする説。この木は細い枝が密に入り組んでいるので、鳥の姿が隠れる感じがするからだろう。

古い日本語では、「隠れる」ことを「隠らふ」といったらしいから、ウグイスの〝かくらふ〟木がウグイスカクラ→ウグイスガクレ→ウグイスカグラに転じたという。

もう一つは、ウグイスの「狩座」（かくら）説がある。狩座（かくら）→狩り座（かりくら）から、ウグイスカグラになったという。

花の咲く頃になるとこの木に、いろいろの鳥が集まってくるので網を使って小鳥を捕るのにはもってこいの場所であった。狩座の名はこれから出たという。

『大言海』によると、「狩倉《かぐら》」とは「獲物を競うこと」とある。かぐら山（狩倉山）の言葉は狩り場から出たのだろう。

最後は、「神楽舞う」ことから出たのではないか。ウグイスは、上下左右に踊りはねるような格好で、あわてふためいたり、せっかちな動作をする様子を形容した。この木に集まって踊っている姿を「ウグイスカグラ」と名付けたという。

G

以上の諸説にはそれぞれうなずけられるが、さてその内のどれかといわれると自信がもてない。古人たはなかなか才覚に長《た》けていたようだ。

別名に、ウグイスカクレ、ウグイスグミ、ナワシログミなどの名もある。拙宅の庭にも一株あるが、上述した言葉の意味を味わいながら観賞していきたい。

主な種類には四種がある。ヤマウグイスカグラは葉の表裏や葉縁に毛があるもの。ミヤマウグイスカグラは、葉、幼枝、花柄全体に腺毛がある。シロバナウグイスカグラは、花が白の園芸種。マルミノウグイスカグラは、果実が球形をした種類である。

ウノハナ

卯の花

旧暦の四月は卯月。卯月になると卯の花が咲く。枝先いっぱいに群がる純白の花が、新緑の中にひときわ目立つ。

季節感の豊かな花であることから、以前は、庭植えや垣根に植えて親しんだものだが現在は全く顧みられなくなった。

卯の花の垣根、それは懐かしい小学唱歌にある。「うの花のにおう垣根に、時鳥《ホトトギス》早も来鳴きて、忍び音もらす夏は来ぬ」と唄った。

歌は知っていても実物を知らぬのが現在の世相。その上、現在の小学校音楽には教材としてもはずされているのである。

卯の花をウツギと呼ぶ。幹が中空であることから空木、空木花を略してウノハナとなった。また、卯の花の卯は、干支四番目の席にいるウサギのこと。白ウサギに見たてて卯の花と呼んだのではという人もある。

豆腐の粕をオカラと呼ぶが、ウツギの花の塊に似ることからウノハナともいう。このほか、雪見草・夏雪草の別名も花の色に由来する。卯月とは直接の関係はない。

幹は中空だが材は緻密で堅い。ユミノキの別名は弓に使った名残だろう。また、材が堅いのでさまざまの細工に利用する。

楊子、タンスや小箱の木釘、中空を利用して樽の呑口や笛にもする。生け花の花材にも使われている。

卯の花の名前は、遠い昔から使われていたようで、『万葉集』には卯の花の名前で二四首も詠まれている。季節の花として関心を寄せたのであろう。

卯の花が咲く頃はよく雨が降る。水晶花の別名は、たわわに咲いている花についた水滴が水晶に見えるのだろう。「卯の花腐《くだ》し」は俳句の季語。雨に濡れ、雨に崩れる卯の花の風情はなんとも寂しいものである。花が萎れる頃になると本格的な梅雨も間近くなる。

卯の花には八重の変種がある。白花八重ウツギと淡紅色八重がある。

一方、ウツギの名のつく植物も多いことからまぎらわしい。卯の花はアジサイやユキノシタなどと同じユキノシタ科だが、これとは全く別種のスイカズラ科の群にウツギと呼ぶものがある。ハコネウツギ、バイカウツギ、ニシキウツギなど色も桃、あるいは白から紅を経て紫に変色するものもある。卯の花は、終始一貫雪の如く白い色が特徴である。

B

卯の花は、農耕や生活の民俗行事として古くから登場する。稲作の水口祭には卯の花の技を挿して豊作を祈願したりする風習は各地にあった。群がって咲く花を稲に見たてて田の神の来訪と豊作を願ったのだろう。

卯月八日は釈迦生誕の灌仏会となっているが、遠い昔は、卯の花などを捧げて田の神を招く聖なる行事であったのである。

エニシダ

金雀枝

風薫る五月。しなやかに伸びる細い緑枝に、あたかも黄蝶の戯れにも似た真っ黄色の花が枝いっぱいに群がり咲く。

えにしだの黄色は雨も　さまし得ず　虚子

和名エニシダは、学名の「ゲニスタ」の訛《なま》ったもの。江戸期の古書に、「金雀枝・金雀花・金雀」の漢字が出る。漢名は「金雀児《キンジャクジ》」。この花を金の雀に例えて呼んだ。

英名は「スコッチ・ブルーム」（スコットランドの箒《ほうき》）。多数の細い枝が帯のように分枝する状態を言ったのだろう。イギリスでは実際箒に使っていたようだ。

西欧ではエニシダは、輝かしい文化とロマンを秘めた花であった。由緒ある王侯貴族の紋章や王室の花紋に用いられた。また戦陣に立つ貴族は、この花を帽子に挿して戦ったと伝えられている。

一方、箒は主婦が主に使うこともあって、主婦にまつわる俗説も多く残っている。

エニシダが繁茂している家は「嬶天下《かか》」。五月に、花のついた枝で作った箒で掃けば、最愛の主人まで掃き捨てられる、と言った話。

こんな話もある。オランダの提督は、イギリスとの海戦の折、マストにエニシダ箒を掲げ「敵艦一掃」を宣言したという。

また、おとぎ話に出る魔女は、エニシダの箒にまたがって月まで飛んだ。そんな話から、母親は娘に、この花をまたがらないようにと教育した。

花言葉は、箒に因んで「清潔」。かくのごとく、エニシダは生活や文化に深い関わりがあったようだ。現在世界中に広く栽培されており、原産は南欧。マメ科の落葉低木で約五〇種が自生している。日本へは中国から渡来。

花色は黄が普通種。白色のシロバナエニシダ、桃紫色のベニバナエニシダなどが基本種。園芸種としては、格別美しいホオベニエニシダ（別名アカバナエニシダ）はフランスのノルマンジーで発見（一八八四）された。翼弁に頬紅で掃いたような赤のぼかし入りの華麗な花で広く親しまれている。

枝の一部が石化（帯化）したシロバナセッカエニシダは、岡山県の某氏作出によるもので、生花材として珍重されている。

F

枝は年中緑色で、光合成を助けている。葉は小さく目立たない。

初夏、葉腋に一〜二箇の蝶形花をつける。花後、よく結実するので、枝は適宜切り詰めておく。

元来、生長早く根張りもよいので堤防や路肩などに植栽されている。

花に悪臭を放つ種類があって、放し飼いの豚は、この花の下で休むと、ハエが来ないので熟睡する。

魔女がまたがったというエニシダは、若しかすると、こんな種類だったのではないか。なんとなくそんな気がするのだが——。

オガタマノキ

小賀玉木

神前結婚式や地鎮祭の玉串奉奠《ほうてん》には必ずといってよいほどサカキに出会う。サカキの枝には白い切り紙が垂れ下げられている。

宅地造成や建築の地鎮祭には、四隅の竹に切り紙の垂れた注連縄《しめなわ》を張り、中央の砂盛りに一枝のサカキを立て神の降臨を祈る慣例。

その切り紙を「垂《しで》」と呼ぶが、古くは、楮《コウゾ》の皮を剥ぎ蒸して水に漬け、細かに裂いて糸にした「木棉垂《ゆふしで》」を用いたが今は「紙垂《かみしで》」。神官の御幣も木棉垂《ゆふしで》を使っていた。

神事にはサカキ、仏事にはシキミといった光沢や芳香のある常緑樹を使っているが日本人はこれらの樹に何か不思議な霊力のようなものを感じているようであった。

サカキに「榊」の字を当てるがこの字は漢字ではなく国字で、神が依りつく木という意味らしい。古くサカキと呼んだ木は、現在のツバキ科のサカキ一種だけでなく、新緑輝く複数の常緑樹であった。『古事記』の「天《あめ》の岩屋戸《いわやと》」の神話に、天の香《かぐ》山から真賢木《まさかき》を運んできた話が出ている。その真賢木については、モクレン科のオガタマノキだとする説がある。

オガタマノキは、西南暖地に自生する高木で、堂々たる樹容と芳香など気品のある常緑樹である。『古今要覧稿』（一八四二）には、「おがたまの木は日向国にある樹の名也」と誌《しる》されている。

記紀に出る、天孫が日向の地に降臨された物語りや、神武天皇の東征といった神話とサカキの間には思わぬ関係が秘められている。

オガタマノキは「招《お》ぎ霊《たま》」から転訛した名で、神前に供えて神霊を招《お》ぎ奉る木であった。伊勢神宮の御神木であり、各地の神社にも植えられている。去る四月三日姫路市広峰神社の御田植式に参詣、拝殿両側に幹回り三〇センチ余のオガタマノキを見て改めて感懐を深めた。

また、神の神託を伝える巫女《みこ》が振る三段の鈴玉をつけた舞鈴の原型も、オガタマノキの果実に由来しているとの説がある。

さらに、一円硬貨の裏の紋様はオガタマノキの枝葉である。一円は日本貨幣の基本であり、また日本神道の基本のオガタマノキをデザイン化したことは殊更意義深い。

さて、神武天皇が大和に入られると、南方系のオガタマノキの自生は見られず、支配者の目に止まったのが現在のツバキ科サカキであった。『古事記』の真賢木《まさかき》は、優れた賢木《さかき》の意で、後世オガタマノキの代用に「榊」の字を創った。

近畿北部から中部地方にはサカキが無く、葉のやや小さい常緑低木のツバキ科のヒサカキを「榊」と言っている。関西はヒサカキが多い。関東以北になると紙製の御幣に変わる。仏花のシキミも同様で、関東以北には自生がないので紙製の花輪を代用する。以上のごとく御神木としてのサカキは、オガタマノキを含め変化しているようだ。

G

オダマキ

苧環

初夏に藤紫色の優雅な花をつけるオダマキは、いかにも日本人好みの花である。

オダマキはキンポウゲ科の宿根草。北半球温帯各地に約五〇種、うち日本に五種が自生。

ごく一般に栽培の藤紫色のオダマキ、高山性小型のミヤマオダマキ、山地に地味な花を咲かすヤマオダマキが代表種。

オダマキは原種のミヤマオダマキから改良されたもの。一方、欧州産や北米産の原種を交配して作り出された西洋種は、紫・赤・橙・黄・白色など豊富で、花も大きく、特に花弁基部から後方に長く伸びている突起物（距《きょ》）の形が面白い。

花弁は五枚、さらに五片のがくが花弁のように美しく重なっている。花弁の距の角型にまとまっている姿が、一種の糸繰《いとく》り車に似ていることから、オダマキ、「苧手巻」「苧環」や「糸繰草」の和名が付いた。

『広辞苑』には、「苧環は、つむいだ麻糸を、中が空洞になるように円く巻いたもの」とある。

一方英名「コランバイン」は、ラテン語の鳩《ハト》からきた言葉で、咲く姿が、鳩が羽を広げて飛ぶ姿に似ることから付いたという。洋の東西によって見方が異なるのも面白い。

この花で思い出すのは、静御前が鎌倉武将の面前で、義経を偲《しの》びながら歌い舞ったという悲しい物語が連想される。

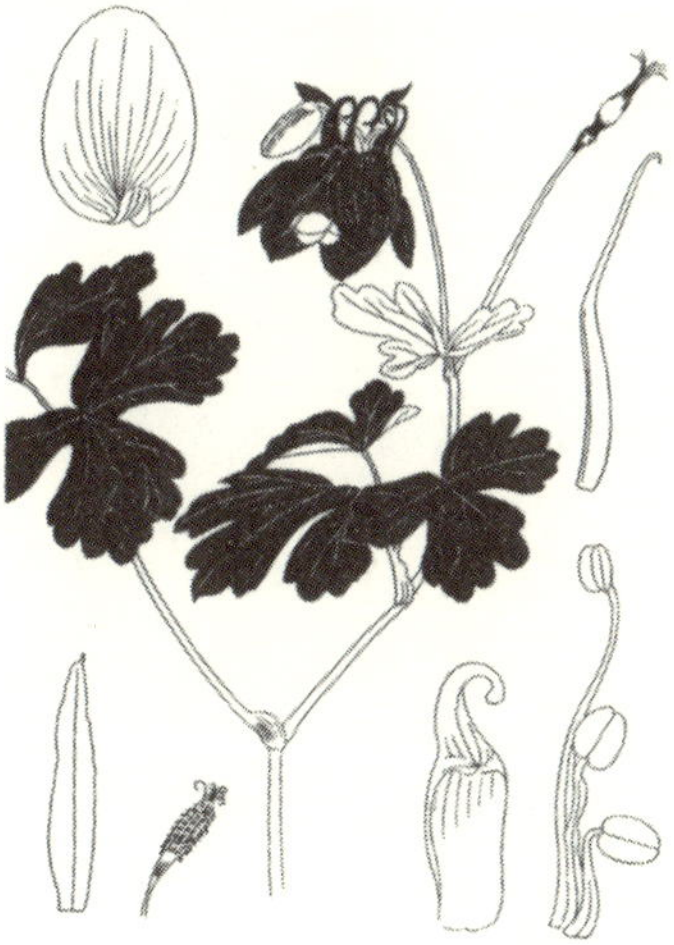
C

時は、文治二年（一一八六）四月八日、鎌倉鶴岡八幡宮の本殿で、源頼朝、北条政子らを前にして、世にいう〝義経恋慕の舞〞を舞った。

「吉野山峰の白雪ふみ分けて　入りにし人の跡ぞ恋しき」と歌い、また、「しづやしづ賤《しづ》の苧環《おだまき》くり返し　昔を今になすよしもがな」と慕情を述べ衆皆感動したという。

取り返すすべもない義経との別離の悲しみを秘めた迫真の舞に、居並ぶ武骨の武士たちも、ある者は涙し、ある者は舞姿に酔った。

ただ一人、頼朝は激怒したが、これを救ったのが政子であった。あの歌にこそ女の真心があると説明。頼朝は怒を解いたが、身重の静に告げた。「生まれる赤子が男児であれば、直ちに命を断つ。女児なら母に預ける」と。

運命は皮肉。幼い男児は由比の浜辺に消え、静は母と共に京嵯峨野に送られ、行年二〇歳の若さで、長く辛《つら》い生涯を閉じたという。

静は、源義経の愛妾。容姿艶麗、歌舞をよくした京の白拍子であったが、頼朝と不和になったところから悲劇の人となった。

オダマキの音韻は、いかにも一抹の侘《わ》びしさを宿す呼び名である。冬に地上部は枯れるが根株は丈夫。一度植えると毎年咲くが、春に種を播くと来春には咲く。近頃は西洋種の鉢植えが多くなってきた。庭木の下、ロックガーデンに向く。

カキツバタ

杜若

五月の風にチューリップが揺れ、パンジーが一斉に花開く。花は季節の使者であり、アヤメが咲き、カキツバタが咲き揃うと、すがすがしい初夏である。

カキツバタは日本原産の名花。日本では、中国地方以北に分布し、古くから歌人や俳人に親しまれてきた。

近年、野生は年々減少しており、愛知県刈谷、鳥取県岩美町、京都市上加茂などの野生地は、天然記念物に指定されている。

カキツバタに「杜若、燕子花」の字を当てるが、牧野博士は両者とも誤用だと主張されている。「燕子花」の字は、カキツバタの花の形が、ツバメが羽を広げて物に止まっている姿に似ていることから名付けられたともいうが。

水に映ったカキツバタの影を、「燕子花似たりや似たり水の影」と詠んだのは芭蕉である。

一方、カキツバタの名前の由来には、「杜若衣に摺りつけ丈夫のきそひ猟する月は来にけり」と詠んだ万葉の歌から、カキツバタの花汁で衣を染めた、「掻きつけ花」から転訛したものだろうといわれている。

合成染料のなかった時代は、天然の草木染によったもので、現在でも、友禅の下絵を描く青色はオオボウシバナというツユクサの仲間からとった色素である。

愛知県知立市八橋は、『伊勢物語』にあるカキツバタの名所で、その地の無量寿寺には、在原業平が詠んだという由緒ある碑文がある。

「から衣きつつなれにし妻しあれば　はるばる来ぬる旅をしぞ思う」と、カキツバタの五文字を句頭にすえて詠んだ。

平安の昔、この地に滞在した業平が、京に残してきた添い馴れた妻を偲び、旅の寂しさを悲しんで作ったという。この物語から、カキツバタには八つ橋を架ける組み合わせができたらしい。

八つ橋は、池や小川の中へ張り出した遊歩橋で、観光のために作ったもので、ハナショウブの観賞にも稲妻形の八つ橋が作られている。

「花札」の五月は、「アヤメと八つ橋」になっている。しかし、この絵柄はどう見てもカキツバタである。アヤメは畑地に生育し、湿地には育たない。この花札は、俗に、「アヤメと八つ橋」と呼ぶのは、カキツバタと八つ橋では語呂が合わないためだろう。

C

同じようなことが民謡にもある。

「潮来《いたこ》出島のマコモの中にアヤメ咲くとはしおらしや」と唄われている水郷潮来の民謡は、アヤメでなく、カキツバタだろう。

「いずれがアヤメかカキツバタ」の例え通り、両者の区別はまぎらわしい。これにハナショウブが加わると、三姉妹以上にまぎらわしい。やがて梅雨入りに合わせるようにしてハナショウブが咲く。紫を主調にした季節の花は、ひときわ鮮やかに映えている。

ガマ

蒲

おおきなふくろを　かたにかけ
だいこくさまが　きかかると
ここにいなばの　しろうさぎ
かわをむかれて　あかはだか

明治三八年、石原和三郎作・田村虎蔵曲のコンビによる懐かしい唱歌。古事記・日本書紀に出る「稲羽《いなば》の素兎《しろうさぎ》」の神話から。

因幡国（鳥取県）気多村にある気多岬や白兎神社がその舞台。大きな袋を背負った大国主命が通りかかると、ワニザメに皮を剥がれて苦しんでいる兎がいた。命は「真水で体を洗い、その河口に生えているガマの穂綿にくるまれ」と教える。間もなく兎はもとの体になったという話。神代の昔からガマは薬用に利用していた。

ガマは、ガマ科ガマ属の大型水生植物。全国いたるところの池沼、水湿地に自生。葉は一～一・五メートルの線形。夏に円柱形の花茎を立て、先端部に二〇センチ前後の竹輪状の花穂をつける。

その花穂は極めて特徴的で、上部には雄花群が、下部には雌花群が集まって構成されている。花粉が出るのは当然上部の雄花群からで、黄色で俗に「蒲黄《ほおう》」という。この花粉が止血効果がある。

今も漢方薬の一つで、開花時に雄花群の部分を切り取り、布袋に入れて袋ごとたたいて花粉を採る。一方、雌花群には長い毛をもった種子が無数にでき、成熟すると崩れるようになって飛散する。これを「蒲穂《がまほ》」と呼ぶ。従って、大国主命が教えた「がまの穂綿にくるまれよ」の正確な意味は、蒲穂《がまほ》の綿ではなく、蒲黄《ほおう》の花粉でなければ止血効果はない。

野暮ったい植物だが、古くは利用度の高い有用植物だった。花粉のほか、種子は小さく、毛が長く多いため、保温性・弾力性に富み、綿以前は、中綿に利用したり、火打ちの火口《ほくち》や火縄銃の火縄に使ったという。

葉は乾燥させ、すだれを作ったり、敷物に編む。蒲《ガマ》の葉で編んだ円座を「座蒲団《ざぶとん》」という。今日の布団《ふとん》は当て字。元来は蒲団《ふとん》と書く。

「蒲鉾《かまぼこ》」は、魚肉を練って竹や木に巻いて焼いたのが初めで、蒲穂に似ることから付いた名。今は板付け半円形に変った。竹輪に往時の幻影を止めている。

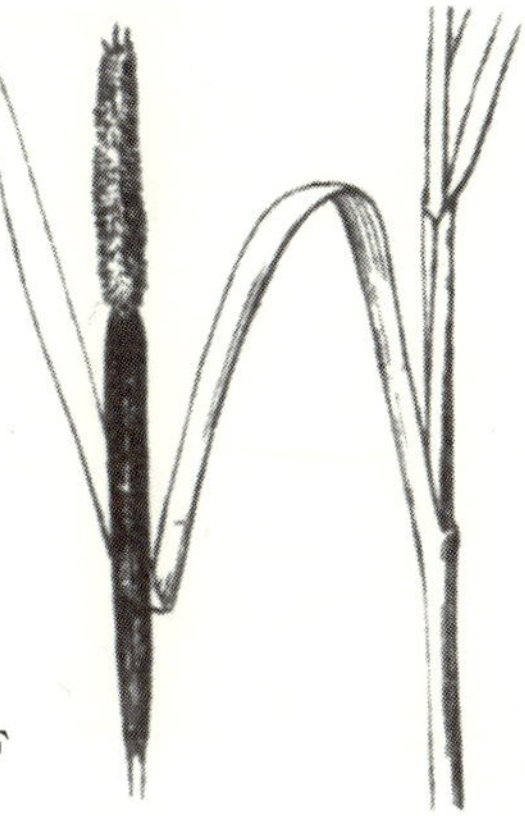

F

うなぎの「蒲焼《かばやき》」は、うなぎを竹輪状に巻きつけて焼いた「蒲穂《がまほ》焼」から出た名。今は平焼きだか呼び名だけが残っている。

一方、やし（香具師）仲間の「がまの油売り」は大道芸の傑作。

〝さあさあお立会い、ご用とお急ぎのない方は、ゆっくりとお聞きなさい〟で始まる口上は面白い。

関東は筑波山の大がま、関西は伊吹山の四六のがまであった。腕を刀で切り、がまの油の膏薬で血を止めるという芸。伊吹山は薬草の宝庫であったから、ガマの花粉を混ぜた膏薬であったのだろうか。

カンナ

檀特

残暑の中にカンナ燃ゆ。烈日の花壇を彩ってきたカンナは、なおかくしゃくと咲き誇る。いかにも真夏の花、乾燥に耐え、一度植えると年々歳々花開く。

カンナにもいろいろの種類がある。右に述べたカンナは花を観賞するのでハナカンナの名がある。改良は南米産の原種からで、フランスが改良の本場。日本へは、明治、大正期に欧州から入った。

食用カンナがある。南米、西インド諸島の原産で、地下茎に多量の澱粉を含む。江戸期に日本にも入ったらしいが今は見られない。

江戸期にダントク（檀特）と呼ぶ種類があった。江戸期のカンナはこの種を指すもので、熱帯アジア原産。寒さに弱く、花、葉は小さく、種子は黒くて堅いので数珠やネックレスにする。この種は世界に広く分布しており、葉を風呂敷代わりにする地方もある。

ダントクは日本独特の呼び名で珍しい。中国では美人蕉、姫芭蕉と呼ぶ。この名の由来について、「檀特は梵語のダンタロクに起因。北インドのガンダーラに檀特山《ダントクセン》という山あり、須達拏《シコタヌ》太子が布施の行を修めたところ。この山に生えていた草から出た名」（中村浩『園芸植物名の由来』）としている。釈迦如来に縁が深く、お数珠にすれば功徳万倍といったところ。南九州や沖縄には半野生化している。

カンナの花は変わっている。非相称という。大抵の花は、例えば、サクラ、キクなどは、中心を通

C

る線を引くと、どんな方向で引いても左右は相称になる。こんな花を放射相称という。次は、マメ科やラン類の花では、左右が相称に分かれる線は一本だけで、こんな花を左右相称と呼ぶ。
ところがカンナの花は、どんな方向に切っても左右は相称にならないので非相称という。その上、花の進化は、放射相称→左右相称→非相称へと進化しているという。雑然とした格好が最も進化した花であるとは、いささか奇妙な感じもする。

さてカンナの花は、花弁とガクは共に三枚で小さく目立たない。一方、派手な花びら状をしているのは、おしべが花弁化したもの。花は普通一般に、花弁が美しいものだが、カンナは例外というもの。一本のおしべを残して四本は花弁に化けている。その証拠は、弁の一片に花粉袋の葯《やく》をつけているので容易に判別できる。さらに、めしべも柱頭が平らの花弁状になっており、めしべの元に甘い蜜が出る。

カンナの葉は芭蕉に似て観賞の対象。緑色と暗紫色がある。葉柄は長く、互いに巻き重なって偽茎を作る。草丈も一～三メートルの幅があり、鉢植えにする矮性種もある。

英名のカンナはインディアンの弾丸の意、種子が弾丸に似るから。

ギボウシ

擬宝珠

ギボウシはユリ科ギボウシ属の多年生草木で日本各地に自生する。昨今改良が進み、今静かなブームが進行中。

東アジアの中国、朝鮮半島、日本が特産地。中でも日本は最大の宝庫。約四〇種が至るところの山地や草原に自生する。谷沿いの岩場、草原の湿地、陰地、陽地など好む環境もまちまち。

夏の山路、水音のすがすがしい渓谷に、激流の飛沫を受けて花首を揺るがせているギボウシに出会う。

「山に木なし玉簪《ギボウシ》花花咲く滝の道」は子規の句。実景かなというところ。別名にタキナ（滝菜）という呼び名もある。

古くから庭植えして愉しんできた。全く丈夫な植物で半永久的に庭を飾ってくれる。葉は大きく緑は鮮やか。斑入り葉もあって晩秋まで美しい。

初夏の頃、重なり合った大きい葉の間から長い花茎を抽出して十数輪の花を一方向に向けてつける。花色は白か淡紫、派手さはないがいかにも清楚な山草的雰囲気がある。薄暗い庭では幻想的な淡紫。

花は一日花。朝開いて夕方には萎れる。一方中国原産のタマノカンザシ（玉簪）という種類は、夜咲きで、かつ甘い芳香がある。近年日本産との雑種から昼咲き、芳香性の品種が作られた。

ギボウシはギボウシ属の総称名で、また一つの種類の呼び名でもある。ギボシとも呼ぶ。この名は、橋の欄干の宝珠に似ることから「擬宝珠」となったという。

葉の形が、あるいは、苞葉に包まれたつぼみの姿が、それぞれ宝珠を連想することに由来するらしい。宝珠とは、仏像の背後の頭や左右に燃えさかる火焔の形で、仏教では聖なる姿とされている。漢名は「玉簪花《ぎょくしんか》」。玉の簪《かんざし》という意味で、漢の時代、簪として貴婦人の髪を飾り、美しさと芳香を兼ね備えた名花であったらしい。

玉簪花について中国の伝説がある。石州に張某という者あり、平常笛をよくし、気が向くと、その笛をとり出しては心を慰めていた。ある月夜の美しい夜、張はいつものように笛を携え高楼に上り、月を眺めながら一曲奏していると、遥か空の彼方から天女が現れて、「卿の妙なる笛の音が月の宮殿に聞こえて御感斜《ななめ》ならず、今一曲奏し給え」という。張は喜んで得意の曲を奏した。曲も終わったので天女は羽衣の袖をかえして再び空の彼方に去ろうとしたので、張は押しとどめ、「卑しい身の奏した一曲が、月の宮殿に聞こえたとは身の面目この上なし、願わくは記念に何なりと残させ給え」という。天女うなずいて、その髪にさしていた簪一本を抜いて投げた。すると、そこから珍しい紫色の花が咲き出したので、この花を玉簪花と名付けた——。という伝説。

C

葉は山菜料理として風味豊か。

キョウチクトウ

夾竹桃

梅雨明けと共にキョウチクトウの花が燃え上がってくる。強い日差しを浴びて花を咲かせるキョウチクトウは、いかにも夏らしい花木である。

排ガスや大気汚染に強いことから、工場緑化、高速道路沿いなどに植栽されている。だが、そんな環境が好きではない筈。環境への適応性が大きいというだけで利用されているのであって、公害に泣いているのはまさにキョウチクトウそのもの。兵庫県尼崎市花になっている。

原産地はインド。江戸時代に中国から長崎へ。熱帯生まれの常緑花木で、西南暖地に多く東北が北限。

キョウチクトウの名は、漢名「夾竹桃」の音読み。葉が竹の葉に似て狭く、花が桃を思わせることからついたという。花期が長いので半年紅の別名や桃葉紅の名もある。

別種にセイヨウキョウチクトウがある。原産は地中海沿岸で、明治に入った。花色も、白、桃、赤、赤紫と多彩で美しい。前者より丈高く、この種から改良された大輪種や八重咲きは園芸価値が大きい。

前二者とは別種のキバナキョウチクトウがある。鮮黄大輪で耐寒性がなく現在ほとんど見ない。

キョウチクトウ属には有毒な種類がある。葉、樹皮、根に特殊な成分を含んでいるので注意したい。葉、茎から出る乳液が有毒。花言葉は、「油断は禁物、危険」。

アフリカ原産の種類の茎葉の乳液は、かつて土人の毒矢に塗られたとか。フランスでは、花をもてあそんでいた子供が中毒したという話。インドでは、麻酔的効果から自殺や堕胎に用いたという。

昔から有害なことは有名で、わが国でも、明治一〇年西南戦争の折、官軍の兵隊がこの枝の箸で弁当を食べて中毒したことがあった。フランスでは、この枝を挿して肉を焼いた兵隊が中毒死した話もある。

少し大げさのようだが、枝、葉を口に入れたりすることは避けたい。佐世保市が市花に指定したとき、この葉を食べた牛が死んだことから物議を醸したこともある。

六～九月といった暑気の中を咲き続けるキョウチクトウは、さしずめ〝美しい憎まれっ子〟といったところ。そのためか、文学や詩歌にあまりとり上げられていない。

樹勢強く、他の植物が育たぬところでもよく育ち、病虫害もないので、公園や公共緑化樹としては欠かせぬ花木である。

B

一方、葉に斑入りのある斑入りキョウチクトウなどは、一服の清涼剤といった感じさえ受ける。怖がらずに庭植え、鉢植えとして楽しめばよい。

栽培はいたって容易。前年枝を三～四月頃挿木する。当年枝なら六～七月頃でよい。近年矮化剤を散布して鉢作りする方法が広まっている。また、洋風建物の南側の塀際などにはよく似合う。

ゲンノショウコ

現の証拠

煎じて飲めば効果てきめん。「現の証拠」はそのものズバリ。どこにでも見られた下痢止めの妙薬だったが、今は出会うことが少ない。

日当たりのよい草原、道端などに地面をはうように生い茂る。万物すべてが炎暑にあえぐ中に、細長い花柄の先に凛とした可愛い五弁の花を二つつける。端正な花は梅に似るのでウメヅルソウ、ウメヅルともいった。

花色に、白、薄紅、紫紅色があり、関西には薄紅、紫紅色が、関東には白が多い。そのためか、関西では、白花でないと薬効がないといった俗説があった。色には無関係。

昔から土用の丑の日に採取するとよいと教えた。花の咲きはじめが成分が多いため。全草を洗って日干し、風通しのよい軒下に吊るして陰干し、紙袋に入れて保存する。家々の軒先に吊るしてあったゲンノショウコの姿はあまり見られない。

人間は古い時代から、薬になる植物を経験を通して身につけていった。大国主命の因幡《いなば》のシロワサギの神話も、ガマの花粉が赤むけの皮膚病に効くことを暗示している物語といえそうである。

経験によって獲得した薬を民間薬という。ゲンノショウコは漢方薬ではない。れっきとした民間薬で、日本薬局法にも堂々と入っている代表的煎じ薬。

土鍋で煎じるあの特有の匂い。〝良薬口に苦し〟というが、ゲンノショウコは極めて飲み易い。

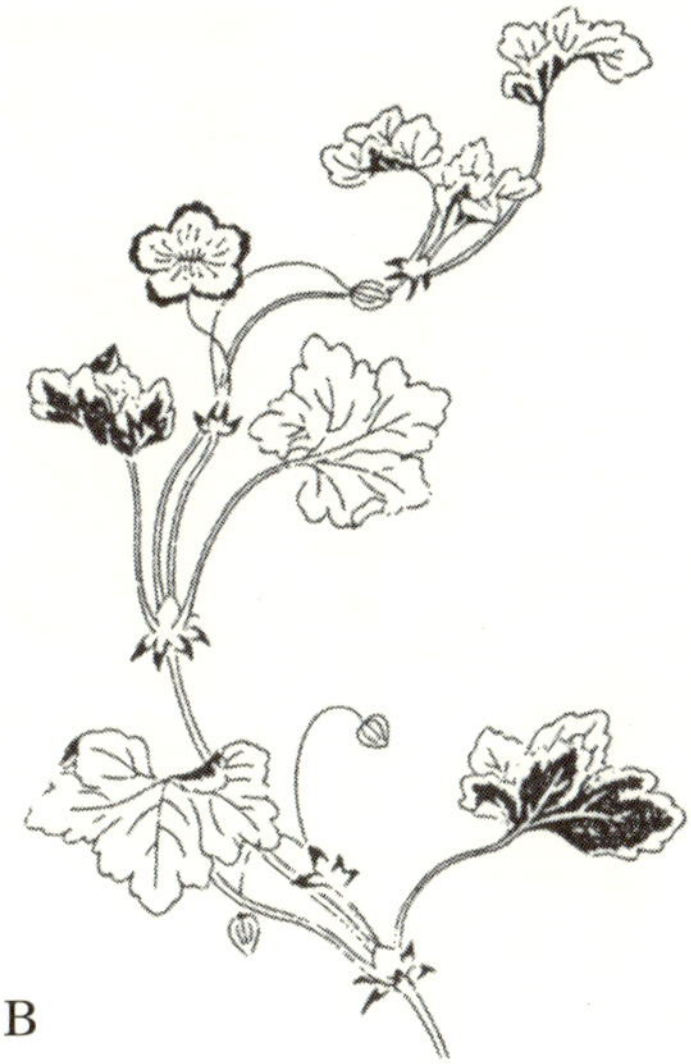

B

主成分はタンニン。下痢止めには、やや濃い目で飲む。二、三日でピタリ。便秘には、やや薄く煎じお茶代わりに飲む。恐ろしいほど効く。

湿疹、かぶれ、霜焼けには、煎汁を冷やして湿布する。「万病の霊薬」といわれる由縁である。医者いらず、医者殺し、医者倒し、医者泣かせといった別名や、タチマチグサ、テキメンソウなども、そのままが的を射た呼び名。漢名は「牛扁《ギュウヘン》」。ギュウヘンソウの呼び名もある。

葉は長い葉柄があり、掌状に深裂。若葉の表面に暗紅色の斑紋がある。ネコの足の裏にあるイボの配列に似ていることから、ネコアシグサとかネコアシの名がついた。

果実は鳥のくちばしのように細長い。これが成熟すると五つに裂けてタネをはじき飛ばす。裂けたさやは、錨《いかり》のように上方にそり返える。その格好が、お祭りに担ぐ御輿の屋根に似ることから、オミコシバナ、オミコシサンの呼び名がついた。呼び名からみて先人たちは余程この草に親しんでいたのだろう。

キンポウゲ科の植物には有毒植物が多く、ウマノアシガタ、キツネノボタンなどは間違えると炎症を起こす。トリカブトなら命を落とす。

ゲンノショウコが有名になるのは明治の終わり頃からであるから、一般的には比較的新しい。

サギソウ

鷺草

「天に白鷺、地に鷺草」とは、造化の妙を言った例え。翼を広げて空飛ぶ白鷺に似た花の姿をサギソウと名付けた先人に心から敬服したい。

名城白鷺城に因んで、姫路市の市花に指定されたのは昭和四一年。涼しげなサギソウのたたずまいに市民の多くは魅せられている。

サギソウは野生ランの一種。日本各地の日当りのよい湿地に生えていたが、地域開発や乱獲で自生地は激減、山間部の溜池などで僅かに見られる程度になってしまった。

日本は野生ランの多いことで有名。エビネラン、セッコク、フウラン、シュンラン、カンラン、シランなどは園芸化されているがサギソウもその一つ。いずれも自生種は乱獲で年々減少してきている。

絶滅の危機にあるサギソウを保護育成しようとする会が、姫路市立手柄山温室植物園を中心に動き出している。

先年、姫路市で、サギソウを郷土の花にしている全国六か所の自治体が参加してシンポジウムが開かれた。遠くは栃木県河内郡河内町、徳島県三好郡池田町、兵庫県内では多紀郡今田町などが参加。開発でどんどん少なくなっていく自生地を、何とかもう一度復元したいと、手柄山温室植物園では人工自生地作りに乗り出した。

サギソウは球根植物で、地下茎の先に小さい大豆粒ほどの球根を作る。二〜三月頃に球根を掘り上げて鉢植えする。球根から線形の葉が基部から互生、夏三〇センチ位の花茎の頂きに、純白の白鷺そっくりの花が咲く。

栽培は性質さえ分かれば案外容易だといわれるが、私自身も、途中で枯れたとか、次の年芽が出なかったというケースを経験した。

一一月には地上部は枯れるが、年中水を切らさず、花が終るとお礼肥として薄い液肥を一〇日おきに二〜三度施こして越冬させる。葉がないと、ついからからにしてしまう。とにかく水を切らさぬことが最も基本である。

水ゴケ栽培が普通だが、これに赤玉土、鹿沼土、パーライト、ピートモスなど適宜混合してもよい。浅めの鉢に小粒の鹿沼土と川砂を混ぜたのを半分以上入れ、この上に刻んだ水ゴケを敷き、その上に芽の出初めた新球を並べ水ゴケを被せる。群生を好むので密になるよう植えてやる。

鉢は日当りのよい場所に置く。向陽湿地性植物であることに留意すること。理想的な野生地とは、日当りのよい、湧水地近くの湿地帯ということで、奇麗な水が絶えず入れ替わるように心掛けたい。

盆栽作りも乙《おつ》なもの。各種の野草を水ゴケで寄せ植えする。自然味たっぷりで涼感を与えてくれる。

園芸種として、葉の縁に白か黄の覆輪のあるもの、また葉の先だけに白の覆輪が現れるものや、葉に縞状の斑が出る種類もある。

F

サクランボ

桜桃

葉桜の中から紫黒色の小さい実が垣間見られる。手の届くあたりの実をもいで口へ。唇を赤紫に染めた頃が懐かしい。

サクランボは桜桃と書き、日本の桜とは別種。英名チェリーは桜桃の仲間の西洋実桜を指す。日本の桜は花を観賞する種類で、ジャパニーズ・チェリーというのが正しい。

チェーホフの『桜の園』の舞台の桜は、西洋実桜だから樹の姿はお粗末でなければダメ。観客もそこを見逃さぬようにしてほしい。

サクランボは初夏の高級果物。六月が盛りの短命な果物である。六月一九日は、太宰治の「桜桃忌」。名作『桜桃』が最後の作品。

彼は昭和二三年六月一三日、三鷹市玉川上水に愛人と入水自殺した。朝日新聞に連載予定の『グッド・バイ』の原稿一三回分を残していたという。彼も短命の人生であった。

太宰は微妙な父親の心理を描写している。「子供に食べさせたらよろこぶだろう。……しかし、父は大皿に盛られた桜桃を、極めてまずそうに食べて種を吐き……心の中で虚勢みたいに呟く言葉は、子供より親が大事」と書いている。最近の親もこの親に似てきた。

アメリカ産のサクランボの輸入がはじまったのは五三年。日米農産物貿易の段階的自由化に伴い、期限付きの「解禁日」制度をとった。国内産保護のため輸入期日に制限があったが、平成四年度からは完全自由化になった。
「日米サクランボ戦争」はいよいよ天王山。大粒の濃紫色で甘い。好き嫌いはあるが、スーパーでは飛ぶように売れる。値段は国内産の約半分。それに、ジェット機で三六時間で届く。産地直産並みのサービスである。「国内産は、味も姿もよいから、米国産に十分対抗できる」といきまいているが——。大粒で甘い米国産か、小粒ながらほどよい酸味の国内産か。

主産地は山形県で、全国生産量の八〇パーセントを占める。このほか北海道、青森、岩手、秋田、福島、新潟、山梨、長野で栽培。いずれも、梅雨期が短い寒冷地に栽培が定着している。

品質では負けないといっても、生産や流通面で問題は残されている。自由化に対抗して、「守りから攻めへ」のサクランボ戦略を練り上げている。

早生系品種をハウス栽培して、米国産の出荷時期の五月上旬にぶち合わす作戦。また、アルミ製のシートを樹の根元に敷いて、太陽光を反射させて、果実の裏側にまで光を当ててやるといった芸の細かい方法まで考えている。

品種により、形、色合い、味覚など異なるが、世界的に有名なナポレオンや、近年は佐藤錦、ジャブレー、高砂といった品種に加え、日本人の味覚にぴったりの桜頂錦の新品種も登場している。

F

サルスベリ

百日紅

サルスベリは真夏を代表する花木。他の植物が暑さにうな垂れる中、勢い猛りに咲き誇っている。

炎天の地上花ありて百日紅　虚子

細長い新梢の枝先に、白、紅、桃などの花が房状に咲く姿は、あたかも、夏の夜空にはじける花火にも似て明るく華やかである。

原産地は中国南部とインド。江戸期の初期に中国から渡来、樹冠、花とも数少ない夏の花木として広く親しまれている。なお、神社や寺に古木の多いことからして、中国に渡った禅僧によって持ち帰られたものではないかと考えられる。

漢名は「紫薇《しび》」、百日紅《ひゃくじつこう》は別名。日本ではサルスベリと呼ぶ。紫薇《しび》とは、禁庭に植える木、つまり官邸の庭木のことで、身分ある役人が愛した木ということ。

百日紅は、百日もの長い花期から名付けられた。七月の盛夏から九月の初秋まで賑々しく咲き続く。世の中には、上には上があるもので、百日より「千日紅」と欲張った草花もある。

サルスベリは、その名の通り、〝猿滑り〟で、木登り得意の猿公でも〝木から落ちる〟ほど木肌が滑らかで美しいことからついた。

夏の頃、外皮が徐々に剥がれ、白い雲紋状の斑紋は次第に赤褐色に変わり、つるつるした独特の木肌になる。名前とは別に猿は滑ることはない。

一方、日本には古くから固有の樹木にサルスベリと俗称される樹がいくつかあった。初夏に白いツバキに似た小花をつけるナツツバキも、古くはサルスベリと呼んだ。また、この樹は、どう間違ったのか、仏教の聖樹の沙羅双樹と誤認されてから各地の寺院に植えられている。また、ヒメシャラもその一つ。ナツツバキによく似ており、前者と混同されることが多い。赤胴色の樹皮、紅葉もよく、茶花、盆栽に向く。

もう一つ、リョウブも古くからサルスベリと呼んだ。樹皮は滑らかで、大型斑状の模様は美しい。若葉は蒸して後乾燥して備蓄、飯に混ぜて食べた。令法《りょうぶ》飯にするよう官令をもって植えさせた時代もある。

G

中国には怖痒《ふよう》樹の異名がある。痒《かゆ》さを怖がる樹という意味。幹を指先で久しくさすっていると、風もないのに枝や葉が震いおののき、花は痒がって笑うという。そんなことから、「さすりの木、くすぐりの木、こちょこちょの木、笑いの木」などとユーモラスな俗称がある。細く高く伸びた枝先に、ぼってりした房咲きの枝は、ちょっと触れても揺れ動きそうな感じ。

一方暖地生まれのため、春の芽出しは遅く、秋の落葉も早い。こんな百日紅を責めたてて、「なまけの木、要領のよい木、ずるい奴、横着なる木」などさまざまな評価をする。自然の理に適った生き方をしているのに人間様は勝手なものだ。

サルトリイバラ

山帰来

初夏の山歩きはサルトリイバラとよく出会う。「く」の字形に曲がりくねった堅い茎のところどころに、下向きの鋭い刺《とげ》があって、引っ掛けるとひりひり痛む。

この刺に引っ掛かった猿が捕まることから猿捕茨《サルトリイバラ》の名がついた。密生している場所に踏み入ると、猿だけでなく人間も進退極まる。モガキイバラ、ジゴクイバラといった恐ろしい名もある。

ユリ科の蔓性落葉小低木。葉の付け根から巻きひげが出て木によじ登る。根元の茎は特に堅く刺が無いので箸にした。また奔放な樹形に野趣味があるので生け花によく使われている。

春がくると柔らかい葉が出る。若葉は淡黄緑色で葉縁やや赤味。丸っこい形の葉で、表面は滑らかで三、四本の筋がある。

昔から餡《あん》ころ餅を包むのに手ごろであるのでよく使われた。端午の節句の柏餅《かしわもち》はこの葉。カシワモチノハ、カシワノハの名で親しまれ、ひなびた味は捨て難く、その移り香は懐かしい。また葉が丸く亀の甲羅に似ているのでカメノハ、カメイバラ、カメシバなどの呼び名もある。

『日本植物方言集』には二五五の異名が記載されていて、それだけ人間との関わりが深いことを示している。花言葉は「搦《から》み」。

世間では山帰来《サンキライ》と呼んでいるが実は別種で、日本には、カラスギバサンキライ、オキナワサンキライ、サツマサンキライ、マルババサンキライなどの種類があるが、本来は中国産の名であって、本種は和山帰来《ワノサンキライ》と呼んだりしている。

こんな伝説がある。その昔、梅毒にかかると治療ができず村を追われて山に捨てられた。飢えに耐えかねたその男は、秋に紅く色づく小さい実や根まで掘り出して食べていたところ、にわかに元気になり足取り軽く山から帰って来たので、以来この低木を山帰来と呼び珍重するに至ったという故事である。

梅毒はともかくとして、根茎は「菝葜《バッカツ》、土茯苓《ドブクリャウ》」の名の漢方薬で中国産のものがよいが、日本産のサルトリイバラの根茎も「和山帰来《ワノサンキライ》」と呼びその代用品。根茎を水洗いし、日干したものを煎じて飲む。発汗解熱、利尿、皮膚病に効く。

根茎は太く膨らみ、ほぼ横に伸びており、この根っこからパイプを作った。古い根っこほど面白い形のパイプができる。「田舎紳士」の自慢作と得意顔になったのも遠い昔のことである。

B

秋も深まる頃、珊瑚のような紅い実をよく食べた。やや水気に乏しいうらみがあるがさばさばした味だった。猿も食欲をそそられたことは間違いなさそうだ。

熟した果実を爪で割ると中から粉末のようなものが出てくる。その実が、関節の痛みや筋肉のけいれんに効く。山帰来の伝説は今も生きているのだ。

シャガ

著莪

アヤメ科の常緑多年草。アヤメ科では珍しく常緑葉である。初夏の頃、薄暗い谷沿いの半陰地に、光沢のある鮮緑色の葉をびっしりと地にはわせ、その中から蝶の形に似た白紫の花を浮かびあがらせる。「杉山の薄き洩れ日やシャガ畳」葉は、剣状で厚味、滑らかでつやつや輝きいかにも強そう。『壺坂霊験記』で知られる奈良県の壷坂寺はシャガの名所。静まり返る寺域に寂しげな風情で咲くさまは、まさに魅力的。

葉の間から、三〇~六〇センチほどの花茎を出し、上方で枝分かれして数個の花をつける。花は朝開いて夕方閉じる一日花。しかし次々つぼみが膨らむので全体としては長い。

筍に括《くく》り添へたり著莪《シャガ》の花　几董《きとう》

筍の出る頃にシャガの花が咲き、もう一つは、シャガは一日の短命花だし、筍も早く食う方がうまいという心配りの句。

原産地は中国だろうといわれ、古い時代に渡来した。そのためか人里に近い山谷とか、お寺の境内などに自生している。

この花、花は咲いても結実しない。染色体の構成が三倍体になっているためである。ところが中国には種子のできる二倍体のシャガがあるとのことで、二倍体→三倍体へと変化するのが常道だから、原産は中国と考えてよい。

シャガの呼び名は、漢名「射干《しゃかん》」の音に由来しており、しゃかん→しゃがに転訛したという。しかし射干はヒオウギアヤメのことであって、その由来は怪しいとする説もある。

また漢名に「胡蝶花《コチョウカ》」とあるが、花の形が胡蝶の舞に似ることからつけられた。一方、和名に「著莪・莎莪・藪菖蒲《やぶしょうぶ》・金茎花」などの字を当てている。

学名は「イリス・ジャポニカ」。イリスは虹だから、「日本の虹」という素晴らしい名前がつけられている。白地に紫と、ちょっぴりの黄色を交えた花は、雨に濡《ぬ》れて浮き立つように咲く。その姿はあたかも虹のような趣があるというのだろう。わが家の庭にもシャガを植えている。日陰、軒下など、どんな悪条件でも育つ。地面をはうようにして分枝して群生する。葉は年中線で美しいので花材として四季用いられる。

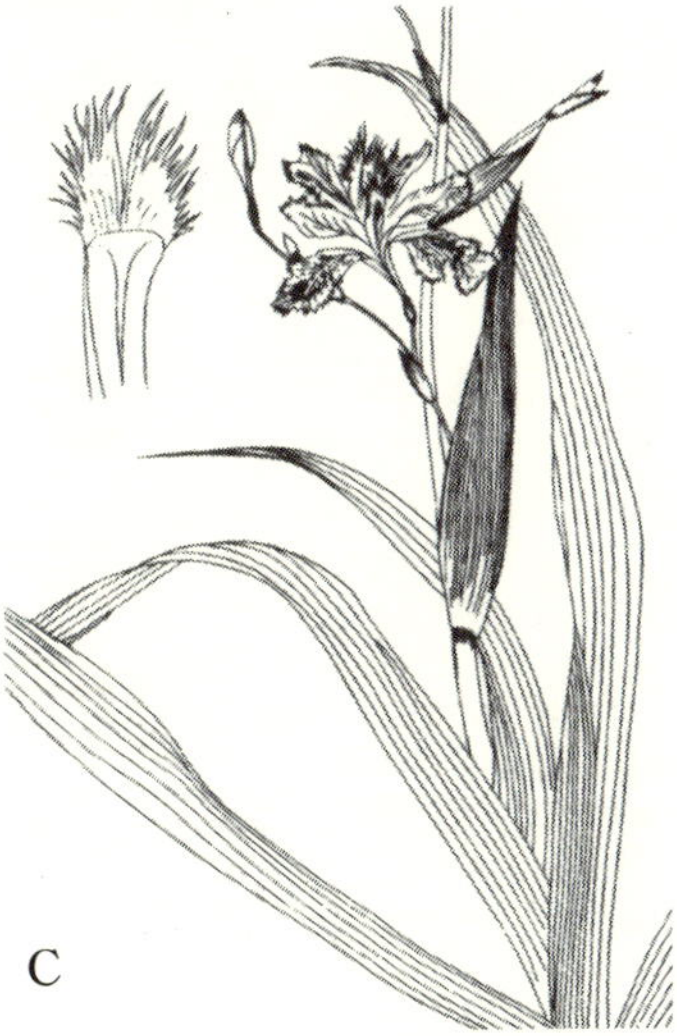

C

「芝棟《しばむね》」という言葉はもう一般には聞き馴れない言葉になってしまった。古い時代には草葺屋根の棟に植物を植え、根を張らせて棟の固めにする風習が見られたものだ。

乾燥に強く、根張りの旺盛なアヤメ科の植物を植える例が多かった。イチハツ、シャガ、アヤメをはじめユリ、ギボウシもあった。「屋根の花園」といわれた「芝棟」も、草葺屋根が絶滅に近い今日では人々の記憶からとっくに消え去ってしまい、強風から屋根を守ったシャガの歴史も消えてしまった。

シャクナゲ

石南花

ヒマラヤ山脈の中部に位置するネパール高地はシャクナゲの宝庫。ネパールはシャクナゲが国花である。

「花の万博」にあったネパールのパビリオンに入ると、真っ赤なシャクナゲの花束を持った少女の写真が人目を惹いていた。人々はこの花が咲くと春を知るという。村人は花の蜜を吸い、女性らは髪飾りとしてこの花を用いる。

シャクナゲは滋賀県の県花である。日野川上流にある鈴鹿峠麓の鎌掛にあるシャクナゲ渓谷は、およそ五万株といわれる大群落で国の天然記念物に指定されている。

シャクナゲは花木の王様。人里離れた深山の霊気の中に凛として咲く花は、神秘的な山の貴婦人を思わせる。かつての時代は、神霊が宿る木と考え、その霊力で悪疫を払ってくれると信じ、この枝を門前に挿して家内安全を願った。花言葉は「威厳、荘重」。

ツツジ科シャクナゲ属の常緑低木で、北半球に約一〇〇〇種あるがその中心はヒマラヤ山麓と中国南部の奥地。険しい山岳地帯で、夏涼しく、空中湿度高く、冬暖かい気象の地に群生する。総じて蒸し暑い日本の気候には不向きである。

日本にも、高山や亜高山帯の限られた場所にある。花色は淡紅色か稀に白。近畿以西の高山に見られるのがホンシャクナゲという種類。滋賀の鎌掛、京都北山から比良山の渓谷の自然群落やまたシャクナゲ寺としても有名な、女人高野の名で知られる奈良室生寺に植えられているのもこの種である。

このほか、東北から中部山岳にあるアズマシャクナゲ、本州西部山地のツクシシャクナゲ、屋久島特産のヤクシマシャクナゲは矮性種の代表として有名。

シャクナゲは深山幽谷の緑の中にあって咲く花だが、美しい花を見ると身近で愛でたいという欲が出るのも人の常。しかし環境に鋭敏で、気難しい面が多いので栽培しにくい植物である。

園芸種を大別すると、日本種、洋種、交配種に分けられる。洋種や交配種は、イギリスを中心に欧米で改良されたもの。園芸化の歴史は比較的新しい。近頃はシャクナゲ・ブームに乗って、花色の多彩な園芸種が店頭を飾っている。

洋種は学名のロードデンドロンの名で呼んでおり、「赤い花木」という意味。シャクナゲの名は、漢名「石南花《じゃくなんか》」の国語化した名。普通石楠花と書く。

別に、名の由来に、枝が曲がって一尺にもならないという意味であるとか、この材の箸を使うと癪《しゃく》が直ぐ治るので、癪を投げ捨てるに通じるという俗説もある。

さらには、奈良時代に狩猟をしていた皇子が、野盗に追われ、シャクナゲの群落に身を潜めて難を逃れたので避難儀《さくなんぎ》からシャクナゲになったという笑い話まである。

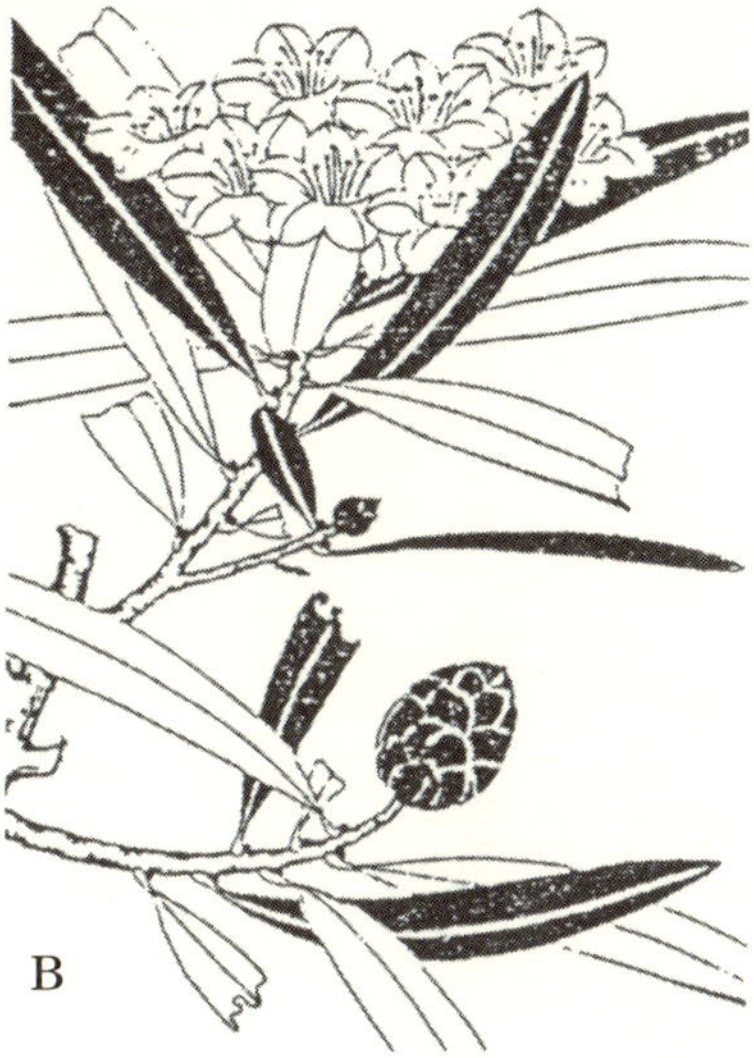

B

シャクヤク

芍薬

百花繚乱、五月晴れの空に藤波が揺れ、ボタンの花が崩れるとシャクヤクが咲く。
「立てば芍薬座れば牡丹」はいい得て妙。立ち姿と座り姿。横張りのボタンに比べて、長い茎を伸ばして立つ姿を例えたもの。

いずれ劣らぬ美しさは美人の形容にふさわしい。ボタン科の仲間で、ボタンは木性だがシャクヤクは多年草で毎年茎は枯れる。

生まれ故郷は、中国西北部、シベリア、北朝鮮と北方系。日本の本州から九州にかけての山林の樹下に自生している山芍薬は別種。花は白と紅の二種で小輪一重、山草愛好家に人気がある。

中国での栽培歴はボタンより古く、隋代から観賞、宋代には三万種の品種ができている。古書に、「群花品中、牡丹を以て第一とし、芍薬を第二とす。故に牡丹を花王、芍薬を花相と呼ぶ」とある。「洛陽の牡丹、揚州の芍薬」は天下の名所になっていた。

古くは薬用として栽培しており、薬用から観賞用に改良されたもの。根の皮を除いて乾燥して使う。腹痛、痛み止め、婦人科用の漢方薬。シャクヤクの字は「シャク止め」薬に由来しているという。

日本へは薬草として入った。渡来時期は明らかではないが、宮中の儀式などが書かれている『延喜式』（九二七）には薬草として記述がある。観賞は室町時代からだろうといわれる。ボタンより古い。

シャクヤクの別名のエビスグサは「異国から来た植物」の意。また、ヌミグスリの名は、薬用としての名残をとどめている。

さらに古書に、「芍薬は尚綽約《しゃくやく》の如し、花容綽約、故に以て名とす」とある。綽約は優しく、しなやかな美人の姿をいう。貌好草《かおよくさ》とか、春の終わりに咲くので殿春客などとロマンチックな雅名もある。

原種は一重の白だが園芸種には一重から八重までさまざま。花色はボタンより少なく、白、紅、桃、黄ぐらいで変化に乏しい。

シャクヤクの見どころは、弁の変化に面白味がある。雄ずいが細い弁状に変化したものや、二つの花が重なった状態で雄ずいが二か所にある花などボタン以上の妙味がある。

一般に、和芍、洋芍の区別をする。和芍は主として日本で改良発達した種類で、一重が主で、弁厚く丸味で、満開時より咲きはじめがよい。洋芍は日本の芍薬が欧米で改良され逆輸入されたもの。重弁八重の豪華な花が多い。日本人は花と草姿を大事にする。民族による観賞眼の違いか。

C

シャクヤクは「足の早い花」。開花の前に切るのがよい。小さいつぼみでもすぐ開く。日没になっても閉じない花は寿命。花首から切り捨てる。株分けは秋、「鉄分を嫌う」といったことはない。鋏で丁寧に芽と根を見分けて切る。

シュロ
棕櫚

日当りて　金色垂るる　棕櫚の花　播水

シュロの梢から、巨大なウニの卵巣を思わすような肉穂花序が三〇センチ位垂れ下がっている。これがシュロの花。一見異様ともいえる奇怪な花。淡黄色のアワ粒のような花の塊である。

シュロは雌株と雄株が別々。雌花は淡黄色にやや紅を帯びている。晩秋のころには、エンドウ粒位の青黒色の種子がぎっしり着く。種子の表面は白粉に覆われていて、冬には小鳥がついばみ方方にまき散らす。

シュロはヤシ科シュロ属で、二種があり、日本原産のシュロ（和ジュロ）と中国南部産のトウジュロ（唐棕櫚）がある。九州山地にシュロの野生があるが、一説には古く中国から渡来し、野生化したとの説もある。

トウジュロは、葉は短く剛直で、葉先が垂れ下がらず端正な樹姿を保つので、公園樹や庭木として広く植栽されている。殊に洋風建物によく似合う。

『枕草子』四七段「木は」に、「姿なけれど、すろの木、唐《から》めきて、わろ家の物とは見えず」とある。すろの木はシュロの古名。「木の格好は趣がないけれど、シュロの木は中国風で、下賤《げせん》な家の物とは見えない」と述べている。庭木としてそのころ既に庭植されていたのであろう。

F

幹は枝なく真っ直ぐ伸び、葉は梢にそう生する。長い柄の先に、五〇～六〇センチにも及ぶ半円形で深裂した葉をつけ、その先きが折れて下垂する。

幹には、いわゆる「シュロの毛」に被われた独特の風貌がある。耐寒性、耐旱性、耐潮性に優れた丈夫な木で東北地方まで植栽がある。

一方、昔から用途の広い有用樹であった。先ず「シュロの毛」は、水中にあっても〝千年腐らず〟といわれるように耐水性は抜群。

井戸の釣瓶の縄、船のとも綱、垣根を縛る縄、みの、マット、そして〝亀の子たわし〟など。

〝たわし〟は「束子《たばし》」のことで、わら、シュロの毛を切って束ねて作ったことから出た言葉。〝亀の子たわし〟は今なお息永く生き続いている商品。

明治四三年、東京の西尾正左衛門が考案した。シュロの毛を二本の針金でよじり合わせ、両端をつないで楕円形にしたもので丈夫で使い易い超ロングセラー商品。

葉の繊維を編んだ民芸細工物もある。若葉を漂白して、帽子、敷物・草履表などを編む。団扇《うちわ》や蠅たたきは懐かしい自家製品。

幹も貴重な存在であった。槍《やり》の柄にしたのは昔のこと。梵鐘を打つ撞木はシュロの幹。「鐘が鳴るのか撞木《しゅもく》が鳴るのか、鐘と撞木の間《あい》が鳴る」とは味わい深い言葉。妙なる梵鐘の響を支えているのだ。

戦後、ココヤシの繊維の輸入や化学合成品に押され姿を消しつつあるのも時代の流れ。

スモモ
李

夏はスモモの季節。甘酸っぱい舌触りと香りはまた格別。拙宅の庭にも、杏《アンズ》と並んで植えており、淡紅色のアンズの花に遅れて、白色のスモモが咲いてくる。

「真白に　李散りけり　手水鉢」は子規の句。

スモモは、モモ・アンズ・ウメなどと一連の酸味の多いバラ科の果樹類。中国長江流域が原産。中国では五果（李、杏、ナツメ、桃、栗）の一つで、加えて古くより花を愛した。

「梅桜桃李《ばいおうとうり》」という言葉もあって、それぞれに花の風情は異なるが、白雪に覆われたように咲く李花の風情は、まさに一幅の絵画美を備えているといえよう。

中国にはスモモにまつわる伝説が多く、李《リ》を以て姓とする人も多い。中国最高の詩人の李白もその例。また、中国春秋戦国時代の思想家といわれる老子の姓も李で、老子の母は、李樹の下で老子を出産したので李の名前を付けたという。

日本人に最もよく親しまれている諺に、「李下に冠を整《ただ》さず」というのがある。スモモが実っている木の下では、手をあげて冠を直そうとすると、李を盗んでいると誤解されるので、まぎらわしい行為は避けるべきだという戒め。花言葉は、「誤解・疑惑」。

日本のスモモは古く中国から渡来、万葉の頃から庭植えして花を観賞している。大伴家持が越中在任中に、中国の桃李の賦に倣って作った二首が『万葉集』にある。

一首のモモは、「春の苑紅にほふ桃の花下照る道に出で立つ乙女」。

他のスモモは、「わが園の李の花が庭に落《ち》るはだれのいまだ残りたるかも」の一首で、うっすら積もったはだら雪のようだとの意。

漢名は「李《リー》」。英名はプラム。日本名のスモモは、「酸桃」の意。新井白石の『東雅』（一七一九）によると、「李スモモ　スとは酸也。モモとは桃也。其実酸にして多きをいふ也」と誌している。

スモモは甘酸っぱい野生の味がある。酸味に富むが、完熟すると甘い。果実には虫がつき易く、完熟する前に収穫して食べたので酸桃の言葉通りであったのだろう。今日では害虫駆除によって完熟果が得られるようになっているので甘い。

昔は巴旦杏《ハタンキョウ》と呼び、酸っぱい印象が強かったが、プラムというハイカラな名で甘くなってきたので消費も伸びている。

現在のプラムは、日本在来のスモモが、明治初めにアメリカに渡り、カリフォルニアでアメリカ・スモモと交雑され、すっかり西洋風に変身し、大正初めに帰国したもの。

七月中旬頃から早生種が、続いて中生種、晩生種と磨きをかけた逸品が店頭に並ぶ。中でも晩生種のケルシージャパン種は、カリフォルニアのケルシー農場で作出された名果だが、旧日本名の甲州大巴旦杏《ハタンキョウ》から作られたことからジャパンの名が付いている。果皮はグリーン、果肉は黄色大果で甘い。

E

タチバナ

橘

タチバナはミカン類の一種。日本に自生する唯一の種類である。奄美大島、九州、四国、中国、和歌山、静岡などの暖地に自生が見られ、高知県室戸岬の原生林は有名で天然記念物に指定されている。

タチバナは、古代日本人が最も愛惜したもので、京都御所紫宸殿の前庭に植えられた左近の桜、右近のタチバナは、聖樹として今なお人々の関心を集めている。

また、文化勲章は、タチバナの白色五弁と曲玉を象《かたど》ったもので、花は小さいが気品がある。

タチバナは実を指し、ハナタチバナはその花を指すものと区別する場合があるが、それほど正確ではない。花と実を愛でた歌が『万葉集』には六八首ある。このタチバナは、コミカン（一名コウジミカン）類の古名であるといわれる。

また、『古事記』や『日本書紀』に、垂仁天皇の命を受けた田道間守《たじまもり》が、苦節一〇年の後持ち帰った非時香菓《ときじくのかぐのこのみ》の話が誌されているが、タチバナとする説やダイダイ説、コミカン説などと推論はまちまち。しかし、前述のように、タチバナが日本に自生していることから推察すると、タチバナ説の評価は低い。

家紋のうち、源氏、平氏、藤原氏、橘氏を四姓と称し、四家の名族に数えられている。葉と果実を組み合わせて図案化したもの。

『枕草子』には、「花の中より実の黄金の玉かと見えて、いみじくさはやかに見えたるなど、朝露に濡れたる桜にも劣らず、時鳥のよすがとさへ思へばにや、猶更にいふべきにもあらず」とタチバナを愛でている。

一方、人名に橘を付けた例に、弟橘媛《おとたちばなひめ》の話がある。日本武尊の妃で、尊が東征のとき、相模の海上が荒れた折、海神の怒りをなだめるため、弟橘媛が身を投じて波風を静めたという話である。

また、『続日本紀』聖武天皇の條には、天明天皇、葛城王の母の忠誠を賞でられて、橘を菓子《かぐのみ》の長上として、橘姓を賜る話もあり、タチバナは果物の最上とされているが、この場合のタチバナもコミカン類だろう。

花は六月頃、果実は一一月から一二月に成熟する。ユズに似た香りを放つが、酸っぱくて食べられない。台湾では果汁にトウガラシを加えて調味料を作るらしい。

果実は扁平で小さく、重さ六グラム前後、果面は黄、果肉は淡黄色で比較的大きい種が数粒ある。古くは薬用として利用していたのだろうか。

F

タチバナの栽培はほとんど無くポンカンの接木台にする程度。古くから日本人の心に感動を与えてきたタチバナであったが、現在では見向きもされない。

なお、江戸時代に大流行したヤブコウジ科のカラタチバナを一般にタチバナと称し、両者はややまぎらわしい。赤、白、黄の美しい実をつけ正月用の床飾りに使う。

ツキミソウ

月見草

「富士には月見草がよく似合ふ」の言葉は、太宰治の『富嶽百景』の名言として有名。「三七七八メートルの富士の山と、立派に相対峙し、みじんもゆるがず、なんと言ふのか、金剛力草とでも言ひたいくらゐ、けなげにすっくと立ってゐたあのツキミソウはよかった」と書いている。どうしてツキミソウが富士に似合うのか、そんな詮索はいらぬこと。太宰は、昭和一三年九月半ばから富士山麓の河口村御坂峠の天下茶屋の二階で『富嶽百景』を執筆した。

太宰にほめられたツキミソウは、実は植物学上のツキミソウではなく、オオマツヨイグサかコマツヨイグサで俗にツキミソウと呼んでいるもの。

本物のツキミソウは、花は純白で、ひどくきゃしゃで野生はほとんどない。今日では実物を知る人はごく稀で一部の愛好家による栽培程度のみである。

ツキミソウの原産はメキシコ。嘉永年間に観賞用として入った。その名のように、夕暮れに咲いて翌朝には、紅色に変わりながら凋《しぼ》むというロマンチックな花。

春にタネを播いても花の咲くのは翌年の夏。最初の一年目は茎が伸びず葉は地面にへばりつく状態で冬を越し、春急に茎を伸ばしてその先に花をつける。俗にいうツキミソウの仲間には、マツヨイグサ、オオマツヨイグサ、コマツヨイグサ、アレチマツヨイグサなどがある。

アカバナ科マツヨイグサ属の仲間で、いずれも北米、南米原産の帰化植物である。花は鮮黄色で、

C

夕方から咲きはじめ翌朝には黄赤色になって凋む。その上、性質が強く、各地の荒地や河原、草原などに野生化して繁殖する。

中には昼間に咲く種類もある。ヒルザキツキミソウ、モモイロヒルザキツキミソウなどは園芸種として庭などに作られている。

ツキミソウの呼び名は、夕方の開花を夕月に見立てた名。マツヨイグサ（待宵草）の名は、宵になるのを待って咲く花の意味。一説には、丸い花弁に、ちょっとしたくぼみがある状態を、十五夜の前の「待宵の月」に似るので名付けたという。

宵になっても来ぬ人を待っている草を「宵待草」というらしい。明治の詩人、画家の竹久夢二作詞の「宵待草」は、大正から昭和にかけて愛唱された懐かしの歌。

待てど暮らせど来ぬひとを
宵待草のやるせなさ
今宵は月も出ぬそうな

千葉銚子での失恋の痛みを、岡山旭川の河原に咲いていたオオマツヨイグサに思いを託して作詞したというが、待宵草を誤って「宵待草」としてしまった。

発表後、間違いに気付いたが、既に愛唱されていたのでやむなくそのままになってしまったという。

ドクダミ

十薬

降り続く梅雨の雨。天暗く、陰うつな日が続く中、庭のドクダミが白い花を浮き立たせている姿は印象的である。

白十字形の花びらは、実は花弁ではなく植物学上は苞《ほう》と呼ぶ。真の花は、茎の先から伸びた穂状の花軸に、小さい淡黄色の花が密生していて、その下部に白い苞がついている。

色硝子暮れてなまめく町の湯の　窓の下なるどくだみの花　　北原白秋

真の花は、花弁やがくが無い。めしべ・おしべだけの不完全花である。

驚くべきことに、受粉しなくても種子ができる「処女生殖」植物である。実際は地下茎が分岐して殖えるので一向関係はない。

ドクダミの名は毒痛《ドクイタ》みから出たという。毒にも痛みにも効く意味。「十薬・重楽」の別名がある通り、十種の効能がある薬草。

昔から家庭では、茎葉や根を採取し、紙袋に入れて軒先に吊るして風乾させ煎じて飲む。緩下剤、利尿剤、あせも・湿疹などの毒下し。

かい虫駆除や寝小便にも効く。妊婦が飲むと色白の子が生まれるというので、わが家も実行していたようだが効能はさっぱり。

一方腫れものの吸い出しは効果てき面。葉を火に焙《あぶ》ってから揉み、腫れものに張っておくと膿《うみ》を吸い出してくれる。また、塩を混ぜて揉んで鼻の中に挿入しておくと蓄膿症によいといわれたが、この方はどうも。

方言も多い。『日本植物方言集』（草本類篇）を見ると一三六種もある。それだけ世間に関心がもたれたというもの。

一例をあげてみると、薬効からジュウヤク・イシャコロシ・リビョウグサ・ノドハレ。葉の形からイモクサ・イモバ。臭気から、センチグサ・ショウヤノヘ・バアノヘ・ヨメノヘといったところ。

「十薬のむしりたる手を洗うかな」の句の通り嫌な草。独特の臭気がある上、生えている場所が気に食わぬ。軒下の半日陰地、陰気な墓場、湿った草むら、そこをヘビが横切っているといった塩梅。

世の中はまた面白い。こんな臭いものを食べるというとギョッとする。しかしそれは偏見。異臭は熱に合うと消える。テンプラやゆでて、水に浸し苦味を去れば和え物によい。一度味をしめると間違いなくドクダミ党へ入信する。珍味の一つ。

C

古書に、「根を飯の上に置き、蒸して食えば味甘し」とある。昔の人はこのようにして食べたらしい。山中で生活していた人は、救荒植物として利用したのだろう。
地下茎は白くて柔軟。細長く伸びて盛んに繁殖地獄まで届くというので「ジゴクソバ」の名も。葉や根を食べるのは別段〝いかもの食い〟ではない。珍味を漁《あさ》る立場から一度試したい植物だ。

ナツツバキ

沙羅

うっとうしい梅雨の季節にナツツバキが咲く。ツバキに似た白五弁の花は、とりたてて美しい花とはいえないが、清らかで枯淡の味があり、茶人が好む花である。

花は一日花。一日を咲き、一日で散っていくはかない花。雨の重みと共に、ポトリと落ちる。花の命は短かく、それがこの花の定めであるだけに見る人の心に響く。

ツバキ科ナツツバキ属の植物で、日本の温帯の山中に清らかに、そっと咲く。ツバキに似て夏咲くところからナツツバキの名が付いた。ツバキは常緑だがこの方は落葉。別名サルナメ、サルスベリの名がある。毎年樹皮が剥げ落ち、滑らかな茶褐色になり、サルスベリ同様の樹肌になることから付いた。

別にナツツバキのことを沙羅木《シャラノキ》、沙羅双樹《サラソウジュ》、沙羅《サラ》、シャラなどと呼ぶ。仏祖と縁深い聖樹として、特に天台宗の寺院の庭によく植えられ、サラノキなどの名で呼ばれている。

シャラノキはインド原産で、日本では育たない。インドではチークと並ぶ有用材で、四〇メートルにも達する高木になり、サラ林帯を形成する。

『平家物語』の初めにある、「祇園精舎の鐘の声、諸行無常の響あり、沙羅双樹の花の色、盛者必衰の理を現す」という名文句にある、沙羅双樹とはシャラノキのことである。日本にあるのは本物でなく、ナツツバキがその代役をつとめているのである。

G

仏伝によると、釈尊入滅の折、東西南北四方に在ったシャラノキが悲しみのあまり、東西と南北それぞれが二樹つまり双樹となり、さらに淡黄色の花が、たちまち白色に変わるという奇跡が起こった。白色に変わったシャラノキの花は、あたかも白鶴が舞い降りるようにつぎつぎ落下して釈尊を覆いかぶしてしまったと伝える。釈尊入滅を「鶴林に隠れる」とはこのことを指すらしい。

日本でいう沙羅双樹は、初めから白花であるナツツバキだが、青苔の台地の上に、日に日に落ちるこの花が、白鶴のようになって覆う姿は、あたかも釈尊入滅を憶わすに十分といえよう。

美しく咲いてはかなく散っていくナツツバキは、日本人の無常感にピッタリの花でもある。平家一門が辿った運命の綾でもあるし、朝には紅顔あって、夕には白骨となる人間の実相を映し出している花とも受けとれる。

数ある花の中でも、随一の神韻と気品を誇るナツツバキが、本物の沙羅双樹でなかったとしても、そのことで信仰の聖域が犯されるとは誰も考えないだろう。

ナツツバキはそんな花木であり、日本庭園や茶庭には欠かせぬ木である。仲間に姫沙羅《ヒメシャラ》がある。花は小ぶりで、茶庭、盆栽仕立てによく似合う。樹皮も赤褐色で美しい。

ノウゼンカズラ

凌霄花

照りつける真夏の炎天下、空に向かって伸びたつる状の枝に、赤黄色の大きい花が群がって咲いている。

暑苦しいと感じるか、涼しく感じるかは趣味の違いだろう。とにかく豪華で派手な花だ。

梅雨明けから秋になってもまだ咲き続ける。節から付着根という細い根を出し、壁や樹木にへばり着いてよじ登る。高さ五～六メートルにも達している。

和名のノウゼンカズラは、漢名の「凌霄（のうせう）」の音転で、のうせう→のうぜん。かづらはつる性という意味からノウゼンカズラになった。

「凌霄花《りょうしょうか・のうぜんか》」と呼ぶ。凌霄とは、志の高いさま、現実の俗世間を超越することとある。「凌霄之志」は、大空をも凌ぐほどの高遠な志をいう。この植物がつる状で高所にまで登りつく様から出た言葉である。

花言葉は「名誉・光栄」。

廃駅や凌霄《のうぜん》懸けて杉並木　　寸七翁

日ざかりや凌霄《のうぜん》おごる松の上　　森鷗外

松に咲いた花のようで、松の緑と相性がよいのだろうか。

原産地は中国。平安時代以前に渡来していた。日本最古の本草事典の『本草和名』(九一八)に、「乃《の》宇《う》世《せ》字《う》」の和名があり、漢名の「凌霄」(のうせう)から出た名でノウゼンカズラを指すといわれている。古い栽培歴がある。

中国では花を薬用にしていたようだ。反面、花は有毒だとする説が日本にも伝わっていて、江戸時代に出た『花譜』(一六九八)には、「花を鼻にあててかくへからず、脳をやぶる。花上の露目に入れば目くらくなる。」とある。つまり、花の香りをかげば脳に支障をきたし、花の滴《しずく》が目にあたればつぶれるとの記述である。果たして正しいのか疑わしいことだが、江戸時代にはこの説のため栽培が広がらなかったといわれる。有毒の根拠は今もって不詳。

ノウゼンカズラには、別種アメリカノウゼンカズラがある。この種は北米原産。花は前者より小輪で赤っぽい。アメリカ・ケンタッキー州の州花。昭和初期に渡来、まだ一般に普及していないが、夏の日除け棚にしているのを見かけることがある。

近年両種の雑種による園芸種が作出され、栽培人口も増えつつある。好きと嫌いのはっきり分かれる花木といえそう。

ノウゼンカズラ科には美しい花木が多い。熱帯各地で街路樹や庭園木として植えられている火炎木《かえんぼく》はその代表。

また紫色の花を咲かせるキリもこの科の植物。キリに似て紫色の花をつけるキリモドキ(英名ブラジル・ジャカランタ)は熱帯街路樹として有名である。

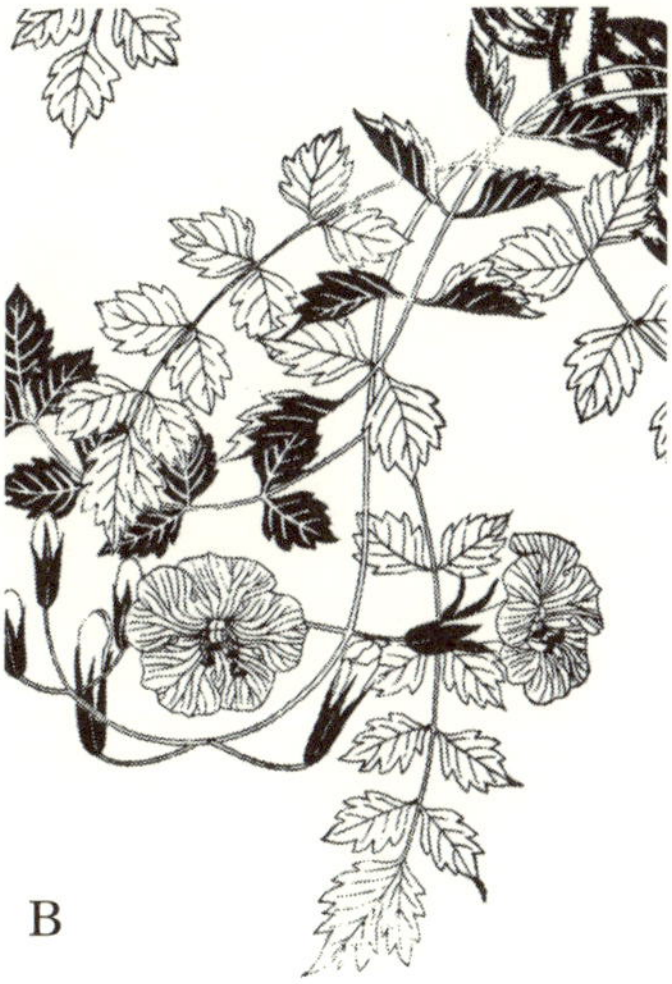

B

バクチノキ

博打の木

これはまた、恐れ入った名前だが、実はれっきとした樹木名なのだ。バラ科バクチノキ属。堂々たる常緑高木で、関東以南から四国、九州、沖縄に至る海岸沿いの低山の谷間《たにあい》に生えている。

この奇抜な名前の由来はこうだ。若木は淡い茶色の木肌だが、成長するに従って樹皮が縦に不規則に剥《は》げ落ち、その跡に濃い黄褐色の素肌が表れる状態を、博打《ばくち》に負けて、身ぐるみ剥《は》がされ文無しになったさまに例えた呼び名だと言う。

博打《ばくち》（博奕《ばくち》）とは、金品、品物をかけて勝負を争う賭《か》け事で、賭博《とばく》とも呼び、常習にする者を博徒と言う。時々有名人が検挙されマスコミが騒ぎたてたりしている。

江戸時代は博徒の〝信仰樹〟でこの樹の下に博徒が屯《たむろ》して毎日博打に興じていたとの伝説さえある。

俗名に「ハダカ（裸）ノキ、ふんどし（褌）を剥いだ木」と呼ぶ地方もあり、また、猿が滑って登れない「サルノメアカシ、サルコカシ」と言った名前もある。

また別名を「ビランジュ」（毘蘭樹）、ビラン（毘嵐）と呼んだりする。毘蘭樹はインド産の樹を誤認したらしい。日本の古言、俗語、方言の語訳を集めた『和訓栞《わくんのしおり》』（一七七七～一八八七）の、「ビラン」の説明に「樹皮自ら脱するを以て糜爛《びらん》（ただれ）と名付けたる成るべし」と記している。

東海道線小田原駅隣りの早川駅近くの山腹にあるバクチノキは、根回り約六メートル、天に聳《そび》える

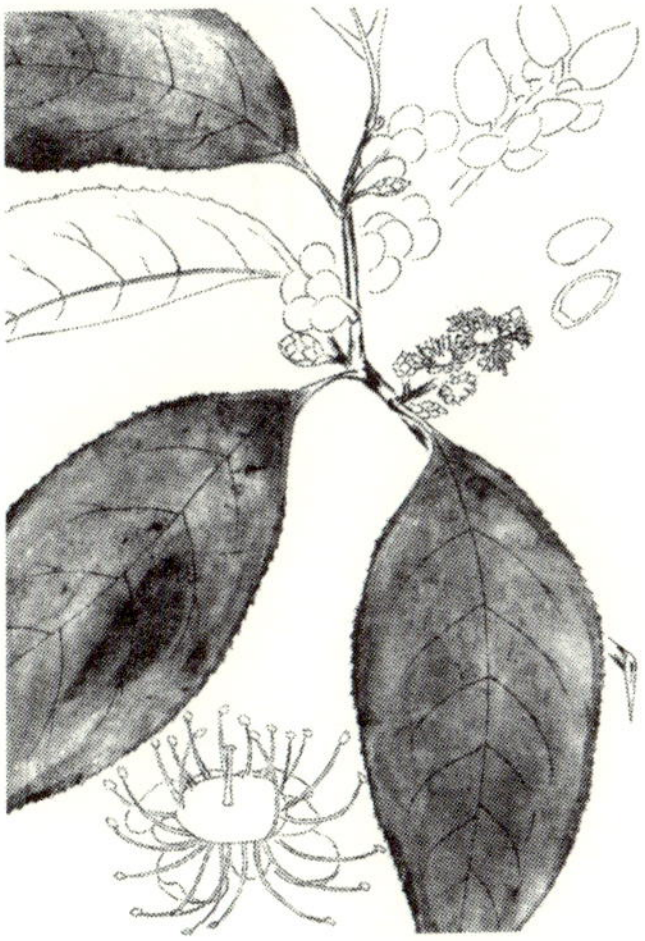

G

堂々たる巨木で、大正一三年に国の天然記念物に指定され、「早川のビランジュ」とも呼んで名物であった。

「小田原市早川飛落地」の地名も崑蘭《ビラン》の樹名から付いた名前だと言う。幕末、維新の侠客清水次郎長と片や、「早川のビランジュ」は、さしづめ東海道一の大親分だった。

千葉県房州地方の漁師らは、バクチノキを「なんじゃもんじゃの木」と呼んだりしていた。なんじゃもんじゃとは、そもそも、どんなもんじゃと言うと、それはこんなもんじゃと持ち出されるものが、あちこちにあるが、大抵和名はある。

その元祖は、千葉県香取郡神崎《こうさき》町にある神崎神社のクスノキの大木で、その昔、水戸黄門がこの神社に詣でた折、この木の名を尋ねたが誰もその名を知らず、とっさに〝なんじゃもんじゃ〟と答えたのが事の始まりという。この御神木は雷で焼けたが現代はその根元から芽を出し成長しているとか。〝なんじゃもんじゃの木〟とは、要するに、珍しい木で、分ったようで判らないところに魅力があるのであって、和名はちゃんとある。

近年、陸上植物の起源と進化上に最も原始的な祖先と考えられているコケが発見され、「ナンジャモンジャゴケ」と名付けられた。

バクチノキの葉を蒸留して「バクチ水」を採る。セキ止め、熱冷ましに効く。かつて宮崎県でこの木を植栽した時代もあった。

ハマナス

浜梨

ハマナスは皇太子妃雅子殿下のロイヤル・シンボル。小和田家本籍地の新潟県村上市の市花である。日本原産の野生バラで、北海道から東北の海岸砂地に自生する北国の野バラ。その南限は、太平洋側では茨城県南部、裏日本では島根県まで。

潮かをる北の浜辺の杉山のかの浜薔薇《はまなす》よ今年も咲けるや　　石川啄木

長く札幌に住んでいた啄木は、北国に咲くハマナスを偲び詠んだ。

『知床旅情』は、一世を風びしたナツメロのヒット歌謡。

「知床の岬にはまなすの咲くころ
思い出しておくれ俺たちのことを
飲んでさわいでおかにのぼれば
遥か国後の白夜はあげる」

森繁久弥　作詞・曲　加藤登紀子　唄

強い海風を受けて気丈に咲くハマナスの姿は、この上なく美しく人々の心を捕らえた。

花期は六月から七月。薄赤紫色・白色の七、八センチの花を枝先に一～三箇つけ、気品のある香りを放つ。今、世界中で栽培されている大輪のバラは世界の八種類の原種を基に交配作出されたが、その一つがハマナス。由緒正しいバラの原種だ。英名は「ジャパニーズ・ローズ」。「神戸須磨浦山上遊園」には約八〇〇株が植えられており、山上の名所になっている。一の谷の古戦場を眼下に、深緑の中に艶やかに咲く。ロイヤル・シンボルとあってかにわかに人気上昇中だったが、この大震災でどうなったことか――。ハマナスは「浜梨」と書くのが正しいという。九月頃に丸い朱色の小さい果実ができる。形も味も梨に似ているところから、浜辺に育つ梨となった。そのハマナシの「シ」が東北弁で「ス」に訛《なま》ってハマナスになったという。

漢名は「玫瑰《マイカイ》」。仏教でいう七宝の一つで、赤い円形の玉で、これに似ているからという。花弁を集めて乾かしたものを「玫瑰花《マイカイ》」と呼び、バラ油を製し、ローズ水（香水）の原料にした。

耐寒性のある枝には一面に軟毛が生え、バラに見られるような鋭い刺が多数あって触ると痛い。

はまなすの刺《とげ》が悲しや美しき　高浜虚子

B

筆者も庭植えのときこの刺に悩まされた経験がある。

西欧では街路の植え込みにするらしく、花は艶やかで、果実も人目を惹く。

根皮にはタンニン質を含み染材にされた。「秋田八丈」の茶染は古来より有名。ハマナス染色の好例で、秋田市産の絹布を縞染する。アイヌの衣服は、ハマナスの花汁で染めるという。伊豆八丈島の「黄八丈」は有名で、秋田八丈はこれに倣った呼び名といえそう。前述した「玫瑰花」から抽出した香水は、香りは良いが商品価値は薄いといわれている。

ハマユウ

浜木綿

ヒガンバナ科の常緑多年草。千葉房総半島から四国、九州に至る太平洋岸の砂地に自生している。『万葉集』に一首ある。「み熊野の浦の濱木綿《はまゆふ》百重《ももへ》なす　心は念へど直《ただ》に逢はぬかも」は、柿本人麻呂が詠んだ歌。ハマユウに寄せた恋の歌である。

み熊野の海辺にはハマユウが群生していたらしいが、しかし昔の熊野は、熊野灘に面する広い範囲を指し一部は三重県に属している。

今も紀伊半島から、同じ黒潮の洗う伊勢志摩の海辺に多く自生しており、志摩半島の無人島「和具大島」は、ハマユウ群生地として観光客が訪れているが、無人島なるが故に群落が守られている場所。ハマユウは宮崎県の県花。青島、日南海岸に南国情緒を彩るハマユウが、観光に役立っていることから選定されたという。

原産は熱帯・亜熱帯の海岸で、一説にはアフリカのコンゴ川（ザイール川）付近から、厚いコルク層に包まれた直径二センチ余りの丸い塊の種子が、大西洋→インド洋→南太平洋へと漂流し、黒潮に乗って日本の暖地海岸に運ばれてきたという。花言葉は「どこか遠くへ」

またの名をハマオモト（浜万年青）という。葉がオモトに似て海浜に生えていることから付いた名。

一方、ハマユウの名の「木綿《ゆふ》」は、コウゾ（楮）の皮からとった白い繊維のことで、白い大きい花が「木綿《ゆふ》」に似ているからとか、偽茎といって、ネギの白根のような葉柄が、硬く巻きあって丈夫な

E

偽茎になっている姿が「木綿《ゆふ》」で作った祭礼用の幣《ぬさ》に似ているからとの説など、いずれにしても「浜の木綿」からハマユウになったという。なお偽茎の中心に真の茎がある。

前記の万葉の歌にある「百重《ももへ》なす」は、葉の葉柄部が幾重にも重なって偽茎になっていることをいったのか、また群生して葉が重なっている様子のことだろうか。

『大和本草』(一七〇九)には、「葉大きく、多肉で、光沢あることから、昔は大臣の供《きょう》(饗)宴などに、この葉で雉《キジ》の料理を包むならはしがあり」とある。宮中で例年行われる大宴会の雉料理にハマユウの葉が登場するとは思ってもみない事柄であった。

また、こんな俗説もあったらしい。「恋しい人の名をハマユウの葉に書いて枕の下に置いて寝るとかならず夢にみる」と記している。昔は恋の占いに用いたようだ。

さて、ハマユウは寒さに弱い。寒い地方での鉢栽培では室内に入れてやる。葉が枯れても偽茎で冬を越し、春が来れば再び葉を伸ばし、夏には中央部から太い花茎を長く出し、先端に数個の花を傘状に開く。花弁は六枚で細長く垂れ下がり、ほのかに薫る。

秋には大きい果実ができ、乾燥や寒さに耐え、また水に浮くので海流で広く伝播する。

バラ
薔薇

今バラが最高に美しい。緑を増した木々、それに映えるバラの花が初夏の庭を美しく彩って道行く人々の目を楽しませてくれる。

バラは〝百花の女王〟にふさわしい。気品ある花容、快い香りと豊富な色彩など三拍子揃った筆頭格。洋の東西を問わず、これほど愛されている花も少ない。民族国境を越えたインターナショナルな園芸植物といえる。

バラ愛好の歴史は古い。古代ギリシャ、ローマ人は、香料用や薬用に珍重。食卓や浴場、寝室にバラを飾り、床にバラを敷きつめて芳香を楽しんだという。

一方、観賞や改良の歴史も古く、人類の歴史と共に観賞されてきた。

現在栽培の近代バラには、数多くの野生バラの血が入っている。三拍子揃った花の女王は、実は国際色豊かな混血児といったところ。

その一つが、ヒマラヤ山麓から近東に自生の原種が、文明の伝播や民族の移動に伴う中で、欧州原産の自生種と自然交雑を繰り返すうちに多くの種類や品種が生まれた。

ナポレオン一世の妃ジョセフィーヌの館に作られたバラ園は有名で彼の力によって集められた種類は二五〇余種で、交配も行われ、近代バラ誕生への第一歩という。

もう一つは、二〇〇年ほど前に中国原産のコウシンバラが導入され、欧州のバラを大きく変えた。

F

近代バラの最大の特徴といわれる四季咲き性は、この種の血による。

また日本のノイバラやテリハノイバラの血は、中輪房咲きのフロリバンダ系の作出に貢献している。日本のノバラは共に白だが、シューベルトの〝野ばら〟は赤である。

園芸植物のほとんどは、一つの野生種から出発して改良されたものだが、近代バラには八種位の野生バラが関与しており、種間雑種、つまり異質の遺伝子を出会わせて作り上げた合成品といえるのである。

それだけに、今も〝バラ戦争〟といわれるほど新品種登録数は断然トップ。異質の遺伝子が混じっているだけに変わり物出現のチャンスは多い筈。

白秋は、「薔薇ノ木ニ　薔薇ノ花咲ク　ナニゴトノ不思議ナケレド」といっているが、遺伝のからくりは文学以上に不思議である。人間の欲望は無限で〝幻のバラ〟といわれるツユクサのようなブルー・ローズも遠からず実現するかも。

花の改良にはしばしばドラマがつきものである。戦後空前のブームを呼んだピースと称する黄色巨大輪のバラはフランスで作出され、ナチス・ドイツ支配下のフランスからアメリカ行き最後の飛行便で脱出、アメリカで繁殖され、終戦間近しと見て一九四五年平和、「ピース」と名付けられた。

同年、サンフランシスコでの国連創立総会のすべてのテーブルにこのピースが飾られたのであった。

ハンゲショウ

半夏生

昔中国で、一年三六〇日を二十四等分した『二十四節気』と呼ぶ暦を作った。立春〜立夏〜立秋〜立冬の各九〇日を、一五日毎に区切り、それぞれに名前をつけた暦で「農事や生活暦」の性格をもっている。

さらに、それぞれの一五日を三等分して、一候、二候、三候に細分したのを七十二候と呼び、『二十四節気・七十二候』から今日の気候の言葉ができた。

その上、季節の特徴を補足するために『雑節』を加えており、例えば、節分、八十八夜、入梅、半夏生《はんげしょう》、彼岸、うら盆などがそれで、明治改暦後の現在でも、太陽暦と併せて使っている。

暦の「半夏生」は、七十二候の一つで、夏至《げし》「節」の三候。つまり、夏至から一一日目に当たる日で、今年（平成一二年）は七月二日である。そのころ「半夏《ハンゲ》」と呼ぶ毒草が生えることから「半夏生」の名がつけられた。「半夏雨」という毒の雨が降るとの迷信から、井戸には蓋《ふた》をせよとか、野菜は食べず、諸事忌み慎む日とされたようだが、今じゃ毎日毒の雨が降っているのだが——。

その「ハンゲ」はサトイモ科の多年植物。一般にカラスビシャクと呼ぶ。日当りの良い路傍や土手などで目にする。高く伸びた花軸の頂に、カラスが使う柄杓《ひしゃく》に似た仏炎苞《ぶつえんほう》を出し、その中に肉穂花序《にくすいかじょ》が収《お》さまっている。細いミズバショウの格好を想像されたらよい。毒も薬で、漢方薬として利用する。

さて、いささか紛《まぎ》らわしくなったが植物のハンゲショウ（半夏生）はドクダミ科の多年草で、いわゆる半夏のころ、枝先き二〜三枚の葉が白くなる風変りな植物である。

半夏生白あざやかに出そめたる　圭児

湿地の半日陰地に群生する白い葉は、蒸し暑い季節に、一種独特の風趣を漂わせ、その姿を飽かずに見入ったものだった。

古くは、片白草《カタジログサ》、三白《ミツジロ》、半夏草《ハンゲソウ》、半化粧《ハンゲショウ》、白粉掛《オシロイカケ》、シロドクダミなどの呼び名がある。漢名「三《ミツ》白草《ジログサ》」。

一説は、前述の通り半夏生のころ葉が白くなることから出た説。他の説では、葉の上面の下半分が白くなるので片白草、半化粧の名ができ、また上方の二〜三枚が白くなるので三白、三白草と呼ぶ。うち半化粧と見る方が情がある。

B

葉が白くなるころ、その葉の基部から細長い花穂を出し、白い小花を密生する。初めは垂れているが次第に立ち上がってくる。花は花弁もがくも無く美しいものではないが、白い葉が珍らしいことから茶花によく使われる。

全草に少し臭気があるが、茎葉を煎じて薬用にする。根は泥中に横たわって、春芽を出し六〇センチほどに叢生する。庭に植えてもよく育つ。白くなるのは葉の下半分で、ハンゲショウの白い葉は、梅雨が終わり、田植が終わる目標として農家の人々の生活暦になっている。

ヒナゲシ

虞美人草

千代紙で作ったような可愛い花が、初夏の薫風に揺れ動く。赤、桃、紫紅色などの鮮明な花が、五〇センチ位のきゃしゃな茎頂に上向きに咲く姿はいかにも美しい。

ケシ科ケシ属の仲間には約一〇〇種あるが、アヘンを採るいわゆる〃禁断の花〃は、許可を受けなければ植栽できない。アヘン法と麻薬取締法で厳重に規制されている。

一方、観賞用に栽培してかまわぬ種類は数種ある。ヒナゲシはそのうちの代表種、オニゲシ、アザミゲシ、アイスランド・ポピーなどが主な園芸種。

アヘン採取のケシとの区別は、茎葉に毛があるのが観賞用種で、許可のいるケシは全く毛がない。岡山県英田郡作東町は日本一のケシ栽培地であった。現在は限られた地域でしか見られない。

花弁が落ちると〃ケシ坊主〃になる。アヘンの採取は、未熟果に傷をつけて汁液を掻き集めて乾燥したのがアヘンで、これからモルヒネを製する。

このケシの種子は全く無毒で、種々の用途に利用されてきた。アンパンの表面にまぶす白い種子はお馴染みのケシ。七味唐辛子の一味にも入っているし、さらに金平糖の芯に使うのもケシの種子である。

さて、ヒナゲシは中近東が原産。コムギ栽培の発祥地と同じ地域であったためか、コムギの分布に伴って広がり、欧州ではコムギ畑の雑草として生えている。耕した土地にしか生えないのも特徴の一つ。

日本へは桃山時代に中国から入ったといわれており、当時の絵画にしばしば描かれている。美人草、麗春花といった別名のほか虞美人草の名もある。虞美人は「楚漢の争い」に登場する人物で、中国三大美人の一人。その名にあやかった名前である。

楚の頃羽は、漢の劉邦と五年にわたって天下を争った。項羽は戦況不利、四面楚歌の中で愛妾虞美人と別れの酒宴を開く。運命きわまったことを嘆き、虞美人を哀れんで詠んだ歌は有名である。

力は山を抜き　気は世を蓋う　騅逝かざれば　如何せん
時に利あらず　騅逝《すいゆ》かず　虞や虞や若《なんじ》を　如何せん

虞美人は項羽に宝剣を請い、柔肌に突き立てて自決した。翌日項羽も漢軍に突入、自ら首を刎ね三一歳の生涯を閉じた。

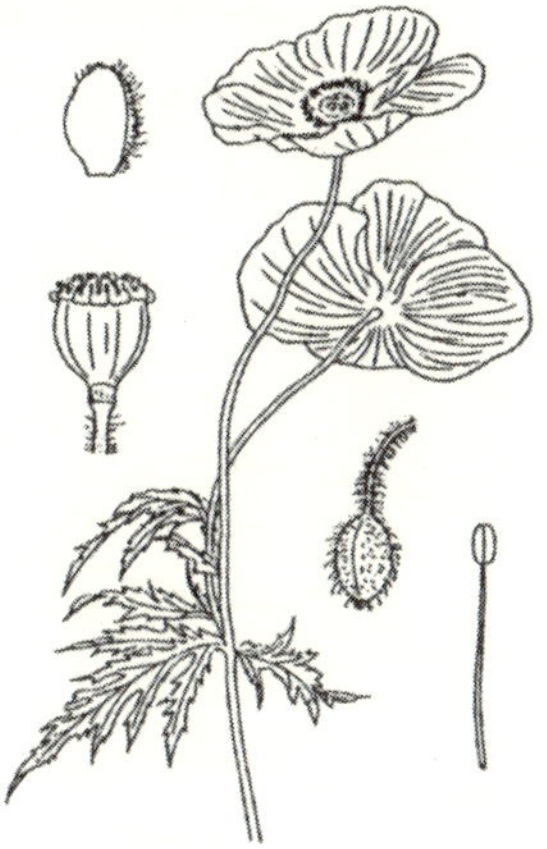
C

虞美人の血が染めた土の上に美しい花が咲いた。その花は、在りし虞美人のように優しく端麗な姿であったので人々は虞美人草と名付けたという伝説である。
ヒナゲシが中国に入ったのは、漢時代から一〇〇〇年も後の唐時代であることから、この伝説は後世の作ということになる。
漱石の『虞美人草』は、朝日新聞を飾った入社第一作であるが、ヒナゲシとは無関係。

ベニバナ

紅花

眉掃きを俤《おもかげ》にして紅粉《べに》の花
行く末は誰が肌ふれむ紅の花

芭蕉が山形で詠んだ、なまめかしさを連想させるほどの句である。

ベニバナは山形県の県花。ロマン溢れる花であり、古くより、庄内平野を流れる最上川の川沿いは品質は最良で、最上紅の名声は全国を風靡していた。古老がいう、最上川から立ち上る川霧が、最高の品質を育んだというのである。

江戸時代、北前船の回航と呼応して、最上川から酒田港へ、ここから北前船で敦賀に至り、びわ湖を経て京都に送られ、京文化の中でベニバナの華が咲いた。

大量の花からとれる紅の量はごく僅かで、平安貴族の艶やかな衣装染や口紅として珍重されたに違いない。花をすりつぶして布袋に入れ、水洗いして黄色の色素を洗い流し、その後数々の手作業を経て紅染の原料にする。

ベニバナ染には化学染料にない温もりがあるといわれたが、時代の流れに押されて一時より生産は激減している。が一方、花より種子の利用という新しい分野で栽培が増えつつある。

ベニバナの油は、くせのない淡泊な風味と、コレステロールの蓄積を防ぐ効果のある最上の食用油として今や台所の必需品となりつつある。また、その油の煤から作った墨を紅花墨と称し珍重されている。

花から紅をとるのでベニバナの名は自然。別名を紅藍花《ベニバナ》、紅粉花《ベニバナ》、紅《クレナイ》、呉藍《クレノアイ》、末摘花《スエツムバナ》、紅藍《コウラン》、紅花《コウカ》、韓紅《カラクレナイ》などと書く。英名サフラワー。

呉藍《クレノアイ》は呉（中国）から渡ってきた藍という意味。韓紅《カラクレナイ》は韓国から来たということらしい。両者定かでないが、飛鳥時代か、その少し前に日本に来たという説である。

末摘花の名は、花は先（末）から咲きはじめ、次第にもとの方に咲くに従ってこれを摘むことから出た名で、『源氏物語』に「末摘花」の巻がある。サフラワー油は人気。

また古くは「くれない」といった。『万葉集』には「くれない」を詠んだ歌が二九首もある。当時は重要な赤色染料として衣を染めたり、口紅の原料として重宝された。

西洋口紅は唇に塗るものだが、和紅は「紅を指す」の言葉通り、油でといて、薬指で唇にさすのであった。古代人にとっては、その口紅が、唾と共に少しずつ飲み下されると血液の循環をよくし、健康に役立つ。

B

インド人が額につける赤い花鈿《かでん》はベニバナのお呪《まじな》いといわれる。

原産地は北部アジアといわれるが自生地は明らかでない。インドから中国に入ったという説、一方エジプトからシルクロードを通って中国に入ったとも。

在来種には葉に刺があるが、現在刺なし品種が生じ、切り花や観賞用に栽培されている。

マツバボタン

松葉牡丹

マツバボタンは真夏の代表的草花。厳しい暑さ、乾燥に耐えてカラフルな花を咲かす。かんかん照りの日を受けて咲くのでヒデリソウ、爪先でちぎって挿しても生えてくるのでツメキリソウ、一度植えておくと年々こぼれダネで生えてくるのでホロビンソウ（不亡草）の別名もある。茎葉は多肉質、葉は松葉に、花を牡丹に見立てて松葉牡丹と呼ぶ。茎は地面をはうように四方に広がる。玄関前の敷石や砂利の間から愛らしい花が初秋の頃まで咲く。

おのずから松葉牡丹に道はあり　　虚子

原産地は南米ブラジル。新大陸起源の栽培植物は多いが、トマト、ジャガイモ、トウモロコシ、タバコなどの重要な作物、オシロイバナ、サルビア、シバザクラ、キンレンカなどの草花類がある。初めはスペイン人によって、その後、フランス、イギリス人によってヨーロッパに伝えられた。マツバボタンはイギリス人がチリから導入したという。

わが国へは江戸末期にオランダより渡来、後にアメリカより入る。スベリヒユ科スベリヒユ属の植物で、いかにも熱帯原産らしい。

花はバラエティに富む。一重は花貧弱だが丈夫。八重は観賞価値高い。花色も多彩で、紅赤、紫赤、桃、淡桃、黄、淡黄、橙、白、絞りの複色などとにぎやか。ことに八重混合は集団として美しい。

花は短命、昼頃咲いて午後には閉じる。ブラジルでは「一一時の花」といわれるが、一一時には閉じるからという。日光が当ると開花し、受精するとしぼむ。雨天は全く咲かない。

近頃、終日咲き品種が作られており夕方まで咲く。花は茎の先きに二〜三個あり、一花ずつ咲いていく。第一花が咲いて二〜三日後に第二花が咲くので、花期は七月から九月と長い。最盛期は八月。

マツバボタンの花は理科の観察材料としてよく使う。めしべは一本だが先端は五〜九本に分かれ、そり返った格好になっている。一方、おしべは数十本位あり、軽く触れると動いて花粉が溢れ出るという仕組みになっている。

マッチ棒で、おしべを一方に倒すと、いったん真っ直ぐの位置に戻り、その後、静かに反対側に倒れる。昆虫が脚でおしべを押し倒すと、おしべはタイプライターのキイのように起き上がって昆虫の体に花粉をつけるよう動く。

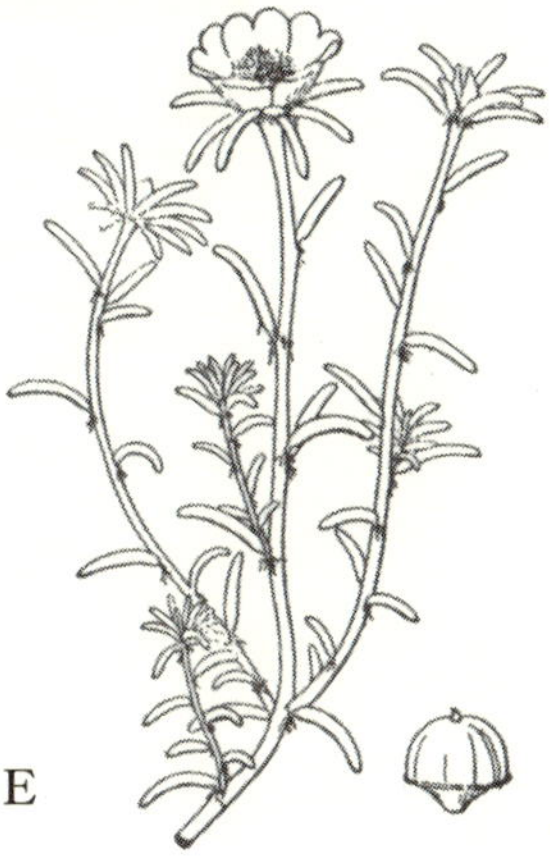

E

植物は一般に動かないように見えるが、花の中には、積極的に花粉をつける動きをして受粉をたすけているものがある。

さらに、マツバボタンは「自動自花受粉」をするので有名。一つの花の中で、めしべとおしべが自動的に触れ合って受粉する。子孫の絶滅を避ける最後の防衛である。

ムラサキ

紫草

ムラサキは、古代のロマンを代表する植物。アカネ、ベニバナ、ムラサキをかつては三草と呼び、貴重な染料植物であった。

紫の一本《ひともと》ゆえに武蔵野の　草はみながらあはれとぞ見ゆ　紀貫之

まるで「紫の一本」だけが武蔵野の草のすべてを独り占めしているような感じさえする歌だが、ムラサキは日本各地の乾いた草原や山地なら、それほど珍しい植物ではなかった。しかし今では全国的珍貴植物の一つで、影を潜《ひそ》めた〝幻の花〟となってしまった。

ムラサキはムラサキ科の多年草で、ムラサキの名は根を紫色の染料にすることから名付けられた。漢名は「紫草《シソウ》」。日本ではムラサキソウではなくムラサキと読む。

草丈は五〇～七〇センチ、茎葉全体に剛毛があって、夏には茎上に小さい白花を開くが全く見栄《ばえ》のしない花である。

根は太い直根で皮部は黒紫色。一〇月頃掘り上げ陽乾したものを紫根《しこん》と呼び、これを臼《うす》で突き砕いて温湯に浸して出た色素で布を染める。「紫根染め」とか「紫染め」といった。

紫色はなんとなく心が引き寄せられる色である。紫の衣服は、身分の高い人の服色であった。聖徳太子の冠位十二階の制では紫が最上位で、次いで青・赤・黄・白・黒で、夫々濃淡で十二階に区別された。

また、戦陣に赴く若武者は「紫の糸おどし」の甲ちゅうを身に着けたし、女性は「紫の枕」や「紫頭巾《づきん》」（御高祖頭巾《おこそづきん》）を被って旅に出た。今も「紫の袴」は女性憧れの宝塚のシンボル。鼓や太鼓のひも、解散証書を包む「紫の帛紗《ふくさ》」、歌舞伎「助六由縁《ゆかり》の江戸桜」に見る〝侠客助六の江戸紫〟の鉢巻きの艶《あで》姿。などなど、日本人の紫への限りない愛着と美への陶酔が窺《うかが》えるようである。

そしてまた、世にも稀れな天賦才媛《えん》「紫式部」の名は、『源氏物語』とともに一〇〇〇年の歳月を越え一際光彩を放っている。

紫根の色素成分は「シコニン」。その構造式は大正時代、いみじくも女性理学博士第一号の黒田チカ博士によって決定された。

今日、中国産紫根から採ったシコニンをバイオ技術で大量生産する。「バイオ口紅」はヒット商品。年間、四〇〇〜五〇〇万本生産とか。街には「バイオ美人」が溢《あふ》れ返っている。

紫根の煎汁と灰汁《あく》を媒染剤として交互に数十回浸して染める。紫根の量、灰汁の濃さ、染汁の温度によって、青味がかった古代紫から明るい江戸紫などに染まる。

一方、紫根エキスは切傷、火傷、ひび、あかぎれの特効薬。江戸後期の紀州外科医で、全身麻酔で乳ガン手術に成功した華岡青州考案の「紫雲《シウン》膏《コウ》」と称する軟膏は、当時の名薬として全国に広まった。

B

ヤグルマギク

矢車菊

ヤグルマギクの花を見ると、なんとなく夏を感じる。澄んだ青色は「青色の青」といわれるほど鮮やか。梅雨のさなか、不意に晴れ上がった青空よりも、ずうっと鮮明に映る。

別名ヤグルマソウと呼ぶ。キク科の植物だが、これとは別種のヤグルマソウと称する植物がある。ユキノシタ科で深山に自生、この種とまぎらわしいので、前者をヤグルマギクと呼んで区別する。

茎の頂端に、鯉のぼりの柱の先端に回っている矢車に似た花を輪状につけているのでこの名が出た。花色も青紫色のほか、紫紅色、桃、白があり、一重、八重のほか近年改良が進み、寒咲き八重の品種が育成された。一方、この仲間にイエローサルタンと称する黄花種がある。

原産地は地中海沿岸地域の小アジア地方。明治の初めに渡来した。歴史の古い花で、古代エジプトでは、花輪や装飾に、また、服の模様にも描かれているという。

古代エジプトの若き王ツタンカーメンの黄金の棺に入っていた花束がヤグルマギクであったという。一九二五年英人が一〇年余の歳月をかけて発掘した折、一つの花束と三本の花輪が発見された。ツタンカーメンの遺体ミイラの副葬品としてヤグルマギクが納められていたのである。一八歳の若さで死去した王は、この花の咲く春の頃に葬られたらしく、そしてその死は、ミイラを作成するに要する約七〇日をさかのぼる一月頃であろうと推定された。

一方、コムギと共に分布を広め、全欧州のコムギ畑の雑草となった。コーンフラワー（小麦の花）

E

と称され、かつてはドイツの国花であった。「王の花」、「カイゼルの花」と称された由縁は次の通り。一八〇六年ナポレオンがプロシァ（ドイツ領）に攻め入った折、ベルリンを逃れた幼い皇子は、コムギ畑に身を潜め、皇后はヤグルマギクで花冠を作って慰め、難を免れたという。以来皇室の紋章にとり入れられ、その後国花になった「カイゼルの花」とは、ドイツ皇帝カイゼルが皇子のときの幼児体験によるものである。現代はオウシュウナラに代わっている。

花言葉は「デリカシー、教育」など。プロシァ皇后が、この花を摘みながら皇子を教えたことにあるらしい。澄んだ青色は、今もドイツ女性の魅力ある瞳として受け継がれている。

自然科学の領域でもこの花の貢献は有名。「花青素」と称する植物細胞に含まれる色素がある。「アントシアン」色素のことで、アントは花、シアンは青を直訳して「花青素」と名付けられたが、この色素はドイツ人がヤグルマギクより抽出した色素であった。さらに、花のおしべに触れると花粉を押し出す。観察材料にも利用されている。

ユウガオ

夕顔

夏の夕暮れどき、ほのかな香りを漂わせてユウガオの花が咲く。夕闇を咲き続けた純白の花も、朝日が昇る頃には凋《しぼ》みはじめ、昼を待たずにすっかり閉じる。

ユウガオと呼ぶ植物には二種類があって、花は両種とも、夜開いて朝には凋んでしまう短命の花である。

一つの種類は、ウリ科のユウガオで、果実から干瓢を作る野菜である。もう一つは、ヒルガオ科のユウガオで、花を観賞する草花であって、両者はまぎらわしくて間違い易いので、この方をヨルガオと呼んで区別している。

さて、ウリ科のユウガオは、原産地はアフリカおよび熱帯アジアで、平安朝の初め頃に中国から渡来、古くから栽培されていた。葉は大きく、茎葉は比較的柔らかで地面をはうように伸長し、つるは他物に巻きついて上に登る。昔は棚作りをして花を観賞したらしい。

『源氏物語』の「夕顔の巻」は、薄幸の女主人公をユウガオの花に重ね合わせた物語で、紫式部の瞳にも、ユウガオの花は、美しくはかなく映じたのであろう。

一方のヒルガオ科のユウガオ（夜顔）は、原産地は熱帯アメリカと北米フロリダで、この仲間には、朝に咲くアサガオ、昼に咲くヒルガオ、葉や花の小さいルコウソウおよびサツマイモなどが含まれている。

E

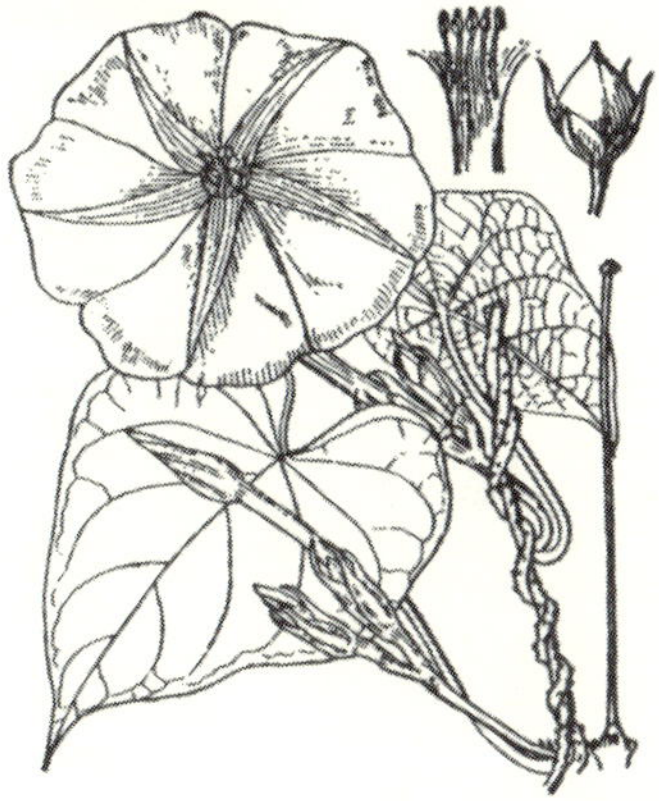

渡来は明治の初め。従って歴史も浅く、詩歌などに登場することも少ない。『源氏物語』のユウガオはこの種類でないことは明らかなことである。

丈夫で作り易い植物で、日当たりさえよければぐんぐん伸長する。葉はサツマイモに似た形で、先の尖った心臓形。花は純白で大きく、花筒部は細くて長く、花はほぼ水平の状態で開く。

一方、赤花のユウガオがある。これは全くの異種であって、生まれも違う熱帯アジアの産で、茎や葉柄に刺があるので別名ハリアサガオと呼び、これと対照的に前者をシロバナユウガオと呼んだりする。

自然界の野生植物の花色を大別すると、そのパーセントは、白三二、黄三〇、紫・青二三、赤・桃一〇、緑五といわれている。そして、地域における花色の分布は、昆虫の種類と密接な関係にあるといわれる。

さて、夜咲く花には黄や白色が多いのは、夜目にもはっきり分かるためだろう。加えて、ユウガオは特有の香りを発散して昆虫を誘惑するのである。「夜の蝶」ではなく、蛾が花粉の媒介に活躍する。長い吸収口を差し込んで花の底から蜜を吸いあげる。

ユウガオの鉢作りもまた楽しい。アサガオと同じ要領で行灯《あんどん》作りをする。盛夏の夕方、花びらがゆるみかけたら室にとり入れ、ユウガオの香りを楽しむのである。

ユキノシタ

雪の下

ユキノシタは人家の裏庭などでよく見かける馴染みの草である。日本各地の湿った山地、岩の上などに大群生している。

半常緑性の多年草で葉は肉質の腎臓形。表は暗緑色で白い葉脈が走り、裏はやや暗赤色を呈し、全面長毛に覆われている。

つる状の長い横走枝を四方に伸ばし、その先に新苗を生じて繁殖するので直ぐ密生する。

植物の名前は、人間とのかかわりの中から生まれ受け継がれているもので、何に由来して命名されたのかということに何時も興味が注がれる。いうまでもなく植物名は、単なる記号や符丁ではなく、人間と植物の歴史を背負っているといえるのである。

ユキノシタの名前についてもいくつかの話があるので紹介してみよう。先ず「雪の下」説である。『牧野新植物図鑑』には、「雪の下は、多分葉の上に白い花が咲くのを雪にたとえ、その下に緑色の葉がちらちら見える形を表現して名付けたものであろう」と書いている。

同様の説に、『資源植物事典』があり、「葉は越冬し、その上に雪がつもった状態を賞して雪の下と名付けたともいう」としている。

一方、「雪の下」とは別の説として、柳田国男の『野草雑記』には、「ユキノシタはイケノシタのことで、イケ（井戸）の中などに生えているからで、このイケノシタがユキノシタに転訛した」と要約している。井戸の近くに生える生態をよく表している。

また、『植物名の由来』（中村浩）には、「雪の下」ではなく、「雪の舌」から出たとする説を展開しており、全く奇抜そのものだが、ちゃんと説明がつく。

花の形から出た名前で、花は不揃いの五弁花。三弁は小さくて淡紅色、二弁は白く大形で垂れ下がっている。垂れ下がった姿を舌と見立て、一方雪は必ずしも雪そのものではなく、白いという意味で「雪の舌」になったという。

舌が二枚だから、「二枚舌」ということになるが、それは別として発想が面白い。五月から七月頃葉間から伸びた長い花茎に、風変わりな花が一斉に咲いた姿は、顔を近づけるとびっくりするほど美しい。石付けや寄せ植え盆栽は風情がある。

一方、ユキノシタは身近な薬用植物として親しまれ、戦前なら、どこの家庭にも植えられていた。アワビやサザエの貝殻に植えたものをトリ小屋の前にぶら下げてあったのを覚えている。

C

子供のいる家では、葉をつぎつぎ摘まれるから満足に育つ暇がないといわれた。葉汁は中耳炎に効く。漢名の「虎耳草」は、耳の病気に効くという意味らしい。

乾燥葉の煎汁は、風邪、ひきつけ、百日咳に、焼いた葉は、できもの、火傷、霜焼けに効くなど。

ワスレナグサ

勿忘草

初夏の庭にワスレナグサが咲く。澄んだ青色の小花が穂状に群生、花芯は黄色でいかにも清純可憐。

仏蘭西《フランス》のみやび少女がさしかざす　勿忘草の空いろの花　　白秋

コバルト色のほか白、桃もある。ロマンチックで印象的な名前。花言葉は、「私を忘れないで」。

さて、この花には悲しい物語が秘められている。騎士道華やかなりし頃の中世ドイツの悲恋物語である。

相思相愛の若い恋人がドナウ河の河岸を逍遥していたとき、コバルト色に輝く可愛い花を見つけた。彼女のためその花を摘み採ろうとした彼は、足を滑らせて急流に落ちる。重い鎧を着ているため、自由を失って沈んでいくが、彼は最後の力を振り絞って手にした花を恋人に投げ与え〝私を忘れないで〟と絶叫して河底に姿を消した。

〝私を忘れないで〟というその花は、コバルト色の優しい花であり、夢を追う少女の、やや悲しげな眼の色にも似て美しかった。

伝説とロマンに富む花で、詩などに詠まれる「フォゲット・ミー・ノット」＝私を忘れないで＝を直訳して勿忘草と名付けた。

原産地は欧州。ムラサキ科ワスレナグサ属の多年草。日本に自生はない。長野松本盆地の一部に欧州から入ったのが野生化しているとか。栽培しているのは園芸種である。

キュウリグサという雑草を俗にワスレナグサと呼ぶ人がいるが、別の植物であり、花も草丈も弱々しく貧弱で、花色も白にかすかに青味を帯びる程度である。

ワスレナグサの草丈は三〇～四〇センチで先端が渦巻き状に曲がっているのが特徴。学名のスコルピオイデスは、「サソリの尻尾のよう」という意味。やや興醒めの感じだが。

一方、「忘れ草」と別称する植物がある。「な」一字の無い植物で、ヤブカンゾウのことをいう。真夏の頃、山裾や堤防などにユリに似た橙紅色の花を開く。「憂いを忘れさせる」という中国の故事に由来している。

植物名には面白い呼び名もあるものだ。「物を忘れさせる草」と反対に、「物を忘れさせない草」というのがある。前者はヤブカンゾウがその例であり、後者は、ワスレナグサをはじめ、「思い草」の別称をもつシオンがこの部類に入る。

F

さて、明治の頃は「勿忘草」をワスレナグサと呼んだ。戦前には「私を忘るなよ」の意味からワス「ル」ナグサとしたが、一般にはあまり受け入れられなかった。戦後にワスレナグサと呼ぶようになった。一字の違いに歴史の流れを感じる。

秋

アカネ

茜

柿が色づき始める頃、山あいの道沿いなどに黒く熟した小さい果実をつけたつる性の草を見ることがある。これが染料植物のアカネである。

古来、アイ、ムラサキと並ぶ染料植物の一つ。先日、奈良国立博物館での正倉院展で、本物のアカネ（茜）染めに出逢うことができた。

茜染めと言われる鮮やかな緋色の「緋絁《ひのあしぎぬ》」一帖の出典である。「絁《あしぎぬ》」とは、組みひものことで、それに、天平勝宝七歳（七五五）と、『調《ちょう》』として物納した地名の墨書もある。解説によると、現在の静岡県伊豆半島北部の地域に当るとのこと。

静かで匂うような沈んだ緋色でそれはまた、古代貴族の生活を象徴する「栄華の色」だともいえよう。

アカネは山林や平地などに普通に生えるアカネ科つる性多年草。茎は四角の稜形で、逆向きの刺があって他物に絡みつき、枝分かれも多く長く伸びて繁茂する。

染料はアカネの根で、プルプリンと称する色素が含まれている。深く張ったひげ根を掘り出し、水洗いして乾燥させる。生根は黄褐色だが乾かすと赤橙色になる。

根をきねで搗《つ》き砕いて熱湯を加えろ過した液に布地を浸す。しかし、煎じ出した液だけでは赤色は出ない。従って、媒染という下染め工程が必要で、予め灰汁（あく）に浸しておいてから本染めのアカネ液に浸すと一瞬にして発色する。また灰汁の材料にはヒサカキが最良といわれてきた。染色法も時代によって変化する。手間のかかる茜染めは、南方産の蘇方《すほう》染めに代わり、今日では合成染剤が主流になっている。

現在では、草木染めや茶人のふくさ染めといった特別な趣味分野に細々と残っている程度。かつて『魏志倭人伝《ぎしわじんでん》』にある耶馬台国《やまたいこく》の女王卑弥呼《ひみこ》が、魏《ぎ》の皇帝に献上した絳絹《こうけん》（赤絹織物）は茜染めだったと想像されている。当時アカネは日本最良の植物染料だったに違いない。

東京都港区の「赤坂」の地名はアカネがたくさん植えられていて、アカネ坂とも呼ばれていた。また、赤トンボには、ナツアカネとかアキアカネといった呼び名の種類もいる。

漢名は「茜草《せいそう》」。茜の字は「草冠《かんむり》に西」で、西は日の落ちる方向。夕方西の空が赤く染まることから茜の字ができたという。また、朝の日の出前の東の朝焼け色、夕方西の空の夕焼け色を〝茜色〟、そこに浮ぶ雲を〝茜雲〟と呼んだ。

日本人にはアカネの緋色に憧れにも似た愛着を持っている。『万葉集』には、「茜さす」と詠んだ歌が一三首もあるが、植物そのものではなく、すべて紫、日、照る、昼などにかかる枕詞として使われている。植物のアカネより染色の色に関心を寄せているのである。

E

アサガオ

朝顔

丹精込めて作ったアサガオが、つぎつぎと美しい花を咲かせていく。朝露に濡れて咲くアサガオの姿は、真夏に欠かせぬ風物詩である。夏は早起きして、すがすがしい朝の花を見るのが楽しみである。アサガオは熱帯アジアのヒマラヤ山麓ネパール地方が生まれ故郷であるといわれている。その原種は、淡青色を呈する単調な小輪で、今なおこの地に咲いているという。

さて、わが国へは、奈良時代に中国から薬草として伝えられた。中国ではアサガオを牽牛《けんご》、種を牽牛子《けんごし》と称した。アサガオの種は下剤として珍重されたようで、牽牛の名前の由来については、農家の人が牛に車を牽かせて種を売り歩いたということから名付けられたという。もう一説には、薬の謝礼に牛を牽いて礼にかえたとも伝えられている。

薬用として渡来したアサガオは、日本人の手によって現在のような色彩豊かな名花にまで改良がなされてきたのである。アサガオの履歴に思いをいたすとき、今も彼の地に咲いている原種のアサガオから、中国→日本に至る道程を含め、さまざまな夢とロマンが秘められているように思う。

近年アサガオにも別種が登場してきた。戦後にアメリカから導入された種類で、アメリカアサガオまたは西洋アサガオと呼ぶ種類である。生まれ故郷は熱帯アメリカで、サツマイモに近縁であるため葉はサツマイモに似る。強健で、花は昼咲き性のため日中でも咲いている。垣根にはわせたり、日除けに適しているので栽培は増えている。

在来のアサガオも品種改良が進み、大輪咲きはもとより、つるの伸びない矮性種が鉢やプランターに作られるようになってきた。

秀吉と千利休のアサガオの対決は、心に残るエピソードである。秀吉は利休のアサガオを一見したいと所望する。彼は咲きこぼれるアサガオを期待して利休の庭を訪づねるが、花はすべて摘み採られて一輪もない。怒りをこらえて通された茶室には、「床に一輪アサガオこれあり候」——と。

真偽は別として、天下人の秀吉と茶匠の利休、権勢と芸術の対決として語り継がれている話だが、一輪に凝集された花の命に、両人の心は期せずして一致をみたのであろうか。

一朝一期と咲くアサガオは、槿花一朝の例えの如く、花の命は短いが、そこには悔いのない生への歓喜がみなぎっていると受けとれるのである。

立秋を過ぎると猛暑も峠を越す。やがて秋風が吹く頃になると、つるが枯れはじめアサガオの命を宿した種が成熟していく。

C

アワ

粟

若者に、稗《ヒエ》とか粟《アワ》を主食にしていた時代の話をすると、ヒェ!! と驚ろいて、アワをくった顔をするのが精一杯だろう。

今どき粟は、小鳥の餌の慣れの果て。しかし粟は、かつては五穀（粟・稗・米・麦・豆）の一つ。その起源たるや最も古いエリート主食の座にあったのだ。

一一月二三日は、「勤労感謝の祝日」。戦前までは「新嘗祭《にいなめさい》」といった旧祝祭日だった。現在も、天皇がその年の新穀（米・粟）を神々に供え、自らも米のご飯、粟のご飯を召し上がられる宮中最大の祭儀である。

記紀の神話にも登場。『古事記』には、食物を掌《つかさど》るオオゲツヒメノカミ（大気都比売神）の死体から、蚕、稲種、粟、小豆、麦、大豆が生じたこと、また『日本書紀』にも、ウケモチノカミ（保食神）の死体から、牛、馬、蚕、粟、稗、稲、麦、大小豆《まめあずき》が生じたとあり、粟・稗・麦・豆を「陸田種物《はたつもの》」、稲を「水田種物《たなつもの》」と称された。

さらに『古事記』には、粟の穀霊のスクナビコナノカミ（少名毘古那神）が、海の彼方から出雲の国に渡って来た話もある。

神話なんてこっけい至極だと言ってしまえばそれまでだが、多少なりとも史実を反映しているとみれば、粟作りは太古の時代に朝鮮半島→出雲に伝来したことが窺《うかが》えるし縄文時代の主食だったと思う。

『万葉集』に五首が、また正倉院文書の正税帳には粟が正祖になっている。奈良時代は一般民衆の主食で、江戸時代には、米・麦・粟を混ぜて炊いていた。アイヌ民族はつい近年まで粟が主食だった。

粟の原種は、雑草のエノコログサから進化したと考えられている。中国では紀元前三〇〇〇年に五穀の一つとして栽培され、インド、エジプト、中央アジアにも多い。

明治時代の畑作物では、ソバ、大豆、粟、稗、ジャガイモの順。現在は、ジャガイモ、大根、キャベツの順で、今じゃ粟は、冷や飯にもされず、泡の如く落ちぶれた。

人名や地名に「粟」の付く名前が多い。徳島阿波の国もそれ。徳川時代刀の鍔《つば》の文様は粟を象《かたど》ったものが多いとか。貧しい山里では萩の実を粉にして粟餅のかさ上げにした、今に言う〝お萩〟である。

乾燥、やせ地に強く、生育も早く、栄養価も高い。モチ粟、ウルチ粟、大粟、小粟、夏粟、秋粟などがある。

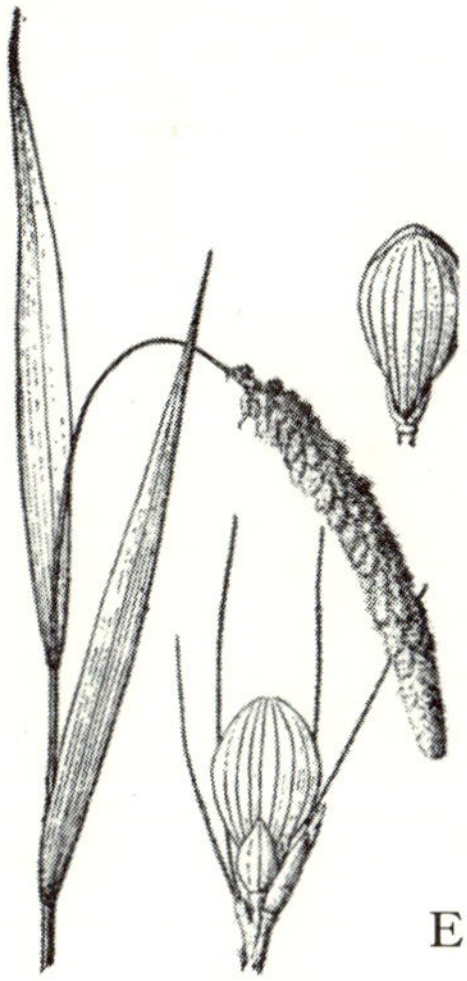

E

沖縄特産の泡盛焼酎（現在は米）。大阪名物の〝粟おこし〟は元禄宝暦二年（一七五二）、大阪道頓堀の津の国清兵衛が、米で作る〝粔籹《おこし》〟の代りに、粟を固めた〝岩おこし〟を考案して人気を博した。関東の〝雷おこし〟は餅米で作っている。

粟の故事に、「粟一粒は汗一粒」、「肌に粟が立つ」、「濡れ手に粟」は骨を折らずに利益を掴《つか》む例えをいった言葉である。

オシロイバナ

白粉花

秋はたけなわ。空は澄み、清涼そう快。庭の片隅に咲く白粉花や秋海棠《シュウカイドウ》にも、ゆく秋の寂しさが感じられる。

白粉花は花期が長い。夏の終わりから晩秋までつぎつぎと咲く。丈夫な草花で、石垣の僅かな隙間や道端にも野生状態で生えている。

花は夜開性で、西洋では、フォア・オクロック・フラワーと呼んでいる。「午後四時の花」ということ。夕方から咲きはじめ、翌朝にはしぼむ短命花。

一般に、夜開性の花は、白か黄色が普通で、蛾の仲間を引き寄せるのに、「夜目遠目」に見易いためである。白粉花は例外の一つ。白、黄のほか、赤、桃、赤紫、絞り、などの花色がある。

一方、かすかな芳香があって昆虫を誘っている。昆虫の媒介以外に、長く突き出た五本のおしべがめしべに巻きついて自花受精もするので種子はでき易い。

花の構造にも特徴がある。ラッパ状の花は、実はがくで、花弁は退化して無いのである。がく筒は三～四センチと長く、先はラッパ状に開いており、五裂で癒合している。

がく筒の基部には緑色の苞がある。受精を終えた花は、ラッパ状に開いた部分が先に落ち、筒の部分はしばらく残っている。

原産地は、熱帯アメリカのペルー。熱帯地方では多年草だが、日本では春播き一年草。南の暖地で

C

は多年草になっている場合もある。

貝原益軒の『花譜』（一六九八）には「白粉花」と出ており、江戸時代から親しまれた花であった。白粉花の和名は、種子の中に白粉状の胚乳があって、この汁を顔や手につけて遊ぶことからきたもの。別名の夕化粧は、夕方から咲くことから名付けられた。このほか、白花草、金化粧、紫芙莉などの名がある。

「紫芙莉《シマツリ》」は漢名で、尾崎紅葉の『金色夜叉』にはこの名が出る。その中編。宮さんと貫一が、別れてからはじめて、田鶴見子爵邸で偶然にめぐり会う庭園の描写に、「踏処無く地を這ふ葛の乱れ生ひて草藤、金線草《ミズヒキ》、紫芙莉《オシロイ》の色々」と叙述している。

花言葉は「臆病・小心」。時代とはいえ、宮さんに通ずる言葉のように思えるのだが。

この花は、遺伝学の上でも知られている。赤花と白花を交配すると桃色の花が咲く。この現象を不完全優性とか中間雑種と呼んで高校の生物で教えられる。

さらに、一株でも、枝によって白花が咲いたり、赤花が咲いたりする。また、一つの花で、白と黄に咲き分けたりする。細胞質遺伝や易変遺伝子の実験材料に使う。

垣根沿いや、玄関脇に茂らせると割合にマッチする。門灯や街灯に映えて咲く姿は夜咲く花の決定版である。

五月初めに播く。栽培は容易、一度作ると、こぼれ種で毎年咲く。

オモト
万年青

オモトはユリ科オモト属の常緑多年草で、暖地の木陰などに自生する。「万年青」と書くので中国渡来かと思いきや、オモトはれっきとした日本原産なのである。

四季変らぬ緑の中に深紅の実をつけることから、古くよりご祝儀用に使われた。生花や鉢物は、吉草、長寿草といってお正月には欠かせぬ一種として賞玩《がん》されている。

華やかさよりも、内に秘めた深い静かさに心引かれる。かつて、転居の折、人より先に新居に移しておくと鬼門の難を免れるといったりした。

オモトは伝統園芸植物の代表格。培養の歴史は古い。元禄年間に起ったオモト趣味は、文化・文政期（一八〇四〜一八三〇）に趣味園芸として定着。続く天保年間（一八三一〜一八四四）には、黄金期を迎えるが、その熱狂振りは、異常ともいえる狂乱ブームを巻き起こした。

嘉永五年（一八五二）一一月一五日付で「小萬年青《こおもと》高価ヲ以テ売買スルヲ禁ズ」という触れが出た。一葉の値百金、一株千金の声価を呼んだ奇品もあったという。

「近年世上無益ノ鉢物ヲ翫《もてあそ》ビ、ナカンズク萬年青ノ儀、格別高価ノ品ヲ売買致シ、其上武家寺院ノ輩《ともがら》、植木屋共ト立チ交《まじわ》リ、諸所ニ集合致シ、専ラ損益ヲ競イ、身分不相応ノ所業ニ及ブ。以下略」。禁令の一部だが、珍品、奇品がもてはやされ、高値の投機に厳しい罰則を課すと布告している。

江戸時代は将軍、大名、旗本、武家および豪商階層の高尚な遊びであったようだ。

C

幕末から明治になってもオモト人気は衰えるどころか益々普及していった。品種の数も多くなった。明治二九年五月、「第四回内国勧業博覧会」に明治天皇が行幸され二品種を求められるなど、朝野あげての大流行を呈した。

オモトの観賞は茶道の侘《わ》び・寂《さび》の境地に通じるもので、単調にも見える色彩、形の中にも自然の織りなす変化は千変万化《ばんか》の芸術である。

観賞の対象は葉で、葉に現われる変化を芸と称している。種類を大まかに分けると次のようになる。葉の大・小で（大葉《だいよう》・中《ちゅう》葉・間《かん》葉・小高年生《こおもと》）。葉形で（立葉丸・細・太平葉・乱葉・垂葉・大波葉など）。葉の地合《ぢあい》で（縮緬地《ちりめんじ》・蝉羽地《せんうじ》など）。葉の斑紋で（霜降り・墨流・黒縞・黄縞・白縞など）。

今日では一〇〇〇種以上と多彩で、江戸期に創られた品種も今なお継承されている。

和風庭園の下草として、また名品の化粧鉢栽培など比較的栽培は容易。特に斑入り種は直射光を避け室内に置く。年間を通じて半日陰で培養するのが常識。

繁殖は株分け、芋吹《いもふき》、実生がある。株分けは春・秋に根をつけて分ける。芋吹は春、地下茎の節を切り水ゴケに植えて発芽させる。

カリン

榠櫨

カリンはバラ科ボケ属の一属一種の落葉高木。中国原産で古い時代に渡来し、現在では広く寺院や庭木として植えられている。特に中部、関東、東北地方に多い。

四月～五月始めにカイドウに似た淡紅色の花が枝先に一つ着く。美しいが、花期が短かく、花数も少ないためか華やかさは感じない。

榠櫨《カリン》の花　数へたくなる　やさしさに　　相馬遷子

葉の落ちた晩秋、黄白色のリンゴ大の果実が枝先に垂れ下がり、木枯の吹くままに揺れ動く姿は一抹の侘びしさを誘う。果実は硬くて酸味や渋味があって生食できないが、黄熟すると素晴らしい芳香を放つ。

果皮は滑らかで、黄熟するとネバついた蜜液が浸み出てくる。この蜜は香りが強い。昔から、果実一～二個置くだけで部屋中が香りで爽やかになった。タンスに入れておくと衣類に香りが移るなど。古書には「未熟な柿百ばかりある中に、カリン一つ入れておくと、柿よく熟す」とある。渋抜きの効用もあるらしい。

カリン酒は、果実酒の筆頭格。酸味と香りが醸し出す特有の酒でソフトな感触は、才色兼備の貴婦

B

人の面影さえある、とベタ褒めする人さえある。

黄熟したカリンを輪切りして、ホワイトリカーに砂糖で漬け込む。三か月もすれば飲めるが、一年以上経つと素晴しいリキュールになる。

なお、砂糖や蜂蜜と煮て菓子を作ったり、薄切り陰干したものを煎じて飲むと咳止め、利尿強壮剤になるなど用途は広い。また、材は木理が細かく、質堅いため器具、装飾用家具や床柱などに使用される。

カリンに似たものに「マルメロ」がある。地方によっては呼び名が混同し、長野諏訪地方で栽培しているマルメロをカリンと称している。両者の相違点は、マルメロはバラ科シドニア属で原産地は中央アジア。果型は洋梨型で表面に綿毛があること。マーマレードの名はマルメロのスペイン語だという。

カリンに同名異木の種類がある。通称のカリンはバラ科の「榠樝」。一方、マメ科のカリンは、「花梨・花櫚」の字を当てるが両者の区別は紛らわしい。和名カリンに、漢名も「花梨《カリ》・花櫚《カロ》・榠樝《メイサ》」の字を当てている。なお別名に、木瓜《キボケ》、唐木《トウボク》、安蘭樹《アランジュ》などの呼び名がある。

さて、マメ科のカリンは、古くより「唐木・からなし」の名で親しまれてきた。大実《オナミ》のカリンと呼ばれる大木で、ビルマではチークに次ぐ重要樹。材は耐久力に富み、高級家具、美術工芸用材、楽器材などに使われる。小説で知られる「ビルマの竪琴」の三味線の胴や棹はこのカリンで作られたもの。

カリン、マルメロは食用、酒、薬用と多目的に利用したり、雅趣に富む盆栽としても楽しめる。

カルカヤ

苅萱

茅葺《かやぶき》（草葺）屋根は、かつては先人が築き残してきた日本民家の原風景であった。それがあっという間にその姿を消してしまった。

しかし過疎の村の一部に、例えば「千年屋」（兵庫県宍粟郡千種町倉谷）と称する文化財が残されていて、心の故郷としての心象風景を偲ぶことができるのが精いっぱい。

最近、世界遺産に登録された富山県五箇山地方にある茅葺合掌集落では、後継者不足で四〇〇年続いてきた伝統の技《わざ》を、果して二一世紀へと継承できるか、遺産を守る誇りと現実との乖離《かいり》に苦悩は深刻なようだ。

さて、茅《かや》（＝萱）の名は、もともとはカルカヤ（苅萱）を指すが一般に言う茅葺には、ススキ、オギ、ヨシ（＝アシ）などを含めており、さらには、稲わら、麦わら葺まで広げて茅葺と呼んだりしている。

今日「芝棟《しばむね》」と言っても知る人は少ない。古くは、茅葺の棟に、乾燥に強く根張りの旺盛なシバとかアヤメ科のイチハツ、アヤメ、またキボウシ、ユリなどを植えて棟を固める風習があった。〞屋根の花園〟の異彩も今では遠い記憶として消え去ってしまった。

さて、材料のカルカヤは、神代の時代から使われており、『古事記』にも、『万葉集』の「秋の七草」にも、『枕草子』や『徒然草』などの文学にも苅萱の名が出てくる。

E

植物学上ではカルカヤの種名はなく、正式の和名は、雄《オ》ガルカヤ、雌《メ》ガルカヤである。名前とはいささか逆で、雌ガルカヤの方が丈夫で大型のため茅葺はこれを使う。

各地の原野、丘陵地に群生があり、晩秋から冬期に刈り採って十分乾燥して使う。一軒の葺替《ふきかえ》に材料が多く要るので、ススキなどを混ぜて葺く。茅野とか茅場の名はそれらを物語る言葉で、東京都中央区茅場町の名も、かつての茅場に因んだ名前だと言われている。

ヨシ(=アシ)は、川辺、湖畔に茂る丈夫な多年草。「豊葦原《とよあしはら》の瑞穂《みずほ》の国」と称されているだけに湿地一面に群生があったのだろう。

ススキ、オギはいたるところの荒地に生える得易い材料だった。一方、大正・昭和になると茅場が少なく、稲わら、麦わら材になり棟にトタンを被《かぶ》せる工夫をした。

葺替《ふきかえ》は材料で違うが、二〇〜五〇年。一生一代に一度。共有の茅場を交替で、労力を貸し合う「結《ゆ》い」の慣行で行われていたが、地域共同体の破壊で、その慣行も消えた。

苅萱と聞けば、高野山の「苅萱堂」に伝わる「苅萱道心と石童丸」の悲しい物語りを思い出す。屋根葺のカルカヤと同じ呼び名のためか、石童丸の哀話は広く普及していた。

「説経浄瑠璃《じょうるり》」の傑作の一つ。出家した苅萱道心を石童丸は母と訪ねるが、女人禁制のため一人で登る。出会った僧と父子の名乗りができぬまま、共に苅萱堂で仏道修行に明けくれたという哀話である。

キク
菊

菊の季節は終わっても、今や年中菊に埋まって生活できる時代になった。生け花や仏花はもとより、喜び、悲しみの花として各種の行事や宴席に菊がある。さらには、菊なくては、あの世にすら行けないのである。

菊は中国の原産で、奈良時代に遣唐使がもち帰ったといわれる。その後もたびたび伝えられたようだが、花は小さいお粗末なものであったのを、江戸時代に入ってから盛んに改良し、今日の豪華な菊の下地ができた。

江戸時代は、園芸の黄金時代といわれており、菊やアサガオなどの日本の名花が、武士や庶民の手によって改良されたのであり、高度の菊文化をもつようになる。

中国では菊は薬草として利用されていた。花、葉を陰干しし、粉末にして酒に浸した菊酒を服用した。一日三回の菊酒を百日続けると体は軽快となり、一年服すれば、白髪変じて黒髪となり、二年服すれば、いったん抜けた歯が再び生え、五年服すれば、八〇の老人変じて児童になる、と書かれている。効能は抜群であったようだ。

菊酒の風習は日本にも伝わり、九月九日の菊の節句、重陽の節句には、朝廷や貴族社会では不老長寿の霊酒として飲んだ。菊と酒はつきもので、江戸時代に作られた花札の一〇月は菊と盃である。

菊花の上に綿をのせ、夜露で菊の香りを移しとる「きせ綿」の風習も行われていた。『枕草子』や『紫式部日記』にその記載がある。当時の上流社会の女官たちは、菊の露で老を去り、長寿を信じたのであろう。

慈童仙人の伝説が中国にある。たわわに咲いた菊の露が落ちた谷川の水を飲んでいた仙人は、七〇〇歳まで生きていたという。謡曲の『菊慈童』はこれを題材にして作られたものである。日本でも菊水は不思議な霊力があると信じられている。

菊は戦前までは皇室の御紋章として尊敬されていた。後鳥羽上皇はことに菊を愛され、桐に加えて御紋章とされた。古来から功績のあった臣下に下賜されたが、それは無上の光栄であった。

足利尊氏も信長も秀吉も菊花を受けたが、徳川家康は辞退した。徳川一族は葵紋で天下を統一し、一般の使用を禁じた。

慶応四年鳥羽・伏見の戦いで敗れ、幕府を追討する有栖川宮の錦の御旗が一六弁の菊花であった。これを転機に葵は凋落、菊が復活した。

明治二年に正式に御紋章に制定されたが、戦後は一般人の使用もできるようになった。

ベネディクト女史の『菊と刀』は日本人の矛盾を見事に指摘したようだが、しかし、菊と刀のもつ高度の日本文化については所詮語り得るものではないように思う。

F

ケイトウ

鶏頭

晩夏から秋にかけ、赤、黄などのケイトワが花壇を彩る。夏花壇の代表だが、中秋の頃から一段と色が冴え晩秋まで楽しませてくれる。

「鶏頭は冷たき秋の日にはえて　いよいよ赤く冴えにけるかも」と長塚節は詠んだ。紺碧の秋空を背に、燃ゆるが如き真紅のケイトウは最も美しい眺めである。

原産地はインドを中心とする熱帯アジア。高温、強光を好むが降霜には弱い。こぼれ種からでも年々生える丈夫な草花。

花壇、鉢花、切り花と親しまれているが、お盆の頃になると街に出回ってくる。先祖の霊が、この花を目印にしてあの世から還ってくるのであり、先祖を偲ぶ仏花の一つでもある。

古く中国を経て渡来。漢名「鶏冠《ケイカン》、鶏冠花《ケイカンカ》」。茎頂の花が雄鶏のトサカに似ることからついた名。日本もこれに倣って鶏頭と呼ぶ。

万葉集には、からあゐの名で四首詠まれており、今日からあゐはケイトウとされている。

中国に、「鶏化して花となる」という民話がある。――とある山里、年老いた母親と息子が暮らしていた。ある日、息子は山道で泣いている美しい娘と出会った。家に連れ帰ったが、翌朝家で飼っている雄鶏が狂ったように暴れ出すので娘は村に戻ることになった。送っていった途中、娘は急に鬼女に変身、口から毒火を吹いて襲いかかる。

C

実は娘の正体は、山奥に潜むオオムカデの精。主人の危機とばかり飛び出してきた雄鶏がムカデの精を攻撃、つつき殺したが雄鶏も力尽きて死んだ。そこから、トサカそっくりの花が咲いた。人々は生まれ変わりと信じ鶏冠花と呼んだ。

ケイトウは古くは野菜として利用している。古文献に、「葉をとりてゆびき物とし、醤油にひたし食す」とある。野菜から花に変身したのだろう。

一方、花穂の搾り汁で布や紙を染めたり、餅に搗き混ぜて紅餅を作った時代もあった。中国では、下痢止め、痔の出血止めに重宝するなど、ケイトウの前歴はまさに多目的作物であったようである。

最近、つぎつぎ新しい品種が登場してくる。日本は世界の群を抜く勢いで新種を作出している。大別すると、花冠がトサカ状をしているトサカケイトワ。球形を呈する久留米ケイトウ。羽毛のようにふさふさする羽毛ケイトウなどがある。

草丈も高・中・矮性。花色は赤、黄、橙、白、斑入りなど多彩。花言葉は「燃える恋、おしゃれ、気取り屋、奇妙」など。中国では「役人の出世、昇進」の意味がある。

トサカ状の花冠は、花ではなく実は花軸上部が退化変形したもので、真の花は、その下部に小さい花が密集しているという特異なもの。花言葉の「奇妙」もこれから出た。

ザクロ

柘榴

ひょろりと伸びた枝先に、黄赤色の球果が秋空を背景にして揺れ動いている。果皮は厚いが熟すると割れて中からたくさんの種子が現れる。その種子の外側は、肥大して透明で、甘酸っぱい果汁が入っている。

果実の内側は六つの小室に区切られ、薄い隔壁に沿って種子が配列している。果汁を飲む果物である。甘いザクロと酸っぱいザクロがあるが日本のものは概して酸っぱいといわれている。

原産地は、イラン、アフガニスタン、インド北西部。ブドウと共に最も古い果樹で、人類文明の初期から栽培しており、古代バビロンの庭にも植えられていた。

欧州へはギリシャ時代に、中国へは、漢の武帝のとき（前二世紀の頃）西域に出向いた張騫《ちょうけん》が持ち帰ったという。

日本へは中国から伝えられたが年代は不詳で、鎌倉中期にはかなり普及していたらしい。さて、ザクロの漢名は「石榴《セキリュウ》」、「安石榴《アンセキリュウ》」と書く。この名は、張騫が「安石国」（ペルシャ＝現イラン）から導入した榴（粒）のある果実ということから名付けたという。

果実は、希望と不死を表わす聖なる吉祥果として東西の宗教に受け継がれた。種子が多いので子福と豊穣を意味し、永遠の生命のシンボルとされた。ザクロを手にした「ザクロの聖母」はその象徴ともいえよう。古代イスラエルの宗教では、神々に捧げる神聖な植物と見なされていた。

D

中国でも、中秋の名月には欠かせぬものの一つ。結婚式の祝宴にも必要であった。産児制限の現在中国ではどうなっているのか。花言葉は「子孫の守護」。

マホメットは、「ザクロを食べろ、嫉妬と憎しみの心を放逐する」といっているが、日本のザクロは酸っぱくて、食べる前にいやになってしまう。霜にあたると甘くなるというが。

イラン地方では大粒で味のよい品種、アフガニスタンでは「タネなしザクロ」があるらしい。天国から与えられた素晴らしい果物である。アメリカでは、清涼飲料として珍重している。

日本ではもっぱら、庭木や盆栽用の観賞花木で、果実を置物に飾ったあとで食べる副産物である。果樹としての改良がなされなかった典型的な果物といえよう。

ザクロの皮は条虫駆除剤に使われた。また古書によると、若葉で飼ったカイコの糸は上質で、琴三弦の糸にしたとある。

鬼子母神の伝説にザクロが登場する。釈迦が、子供が食べたくなったら、このザクロの実を食べよと戒め、子供を殺さないことを誓わせた話。ザクロには人肉の香味があるなどの伝説も手伝ってか、日本のザクロは、彼の地のものより一味も二味も違うらしい。

シュウカイドウ

秋海棠

秋らしさを感じる花である。草丈は短く、茎や葉は軟弱で弱々しい感じだが、生命力はいたって旺盛。陰湿を好むから、日陰地や庭木の下草として広く植栽されている。

秋海棠はベゴニア類の一種。園芸的には西洋種をベゴニアと呼んで区別している。そのベゴニアはほとんど熱帯産。これに比べ日本の秋海棠は、耐寒性が強く日本で越冬できる唯一の種である。

秋海棠は漢名の音読みで、花の色が春に咲く海棠に似て、秋に咲くということから名付けられた。淡紅色の可憐な花は、渚の桜貝を彷彿させる。

原産地は中国。中国では、秋花九種の中に秋海棠の名をあげている。すなわち、「モクセイ、フヨウ、ハゲイトウ、秋海棠、ノコンギク、ベニタデ、センノウ、ツユクサ、ナデシコ」の九種である。

日本への渡来は、貝原益軒の『大和本草』（一七〇九）には、「寛永年中ニ中華ヨリ初テ長崎ニ来ル、ソレヨリ以前ハ本邦ニナシ」と誌している。およそ三四〇年ほど前に渡来していることになる。

日本人好みの秋海棠が意外に遅いのは、この花が薬草としての利用価値がほとんどなかったためではないかと思われる。

一方、日本最古の園芸書である『花壇綱目』（一六八一）にはやばやと秋海棠の名前が出ている。また、『花壇地錦抄』（一六九五）には、瓔珞草《ヨウラクソウ》という別名を使っている。瓔珞とは、『広辞苑』によると「インドの貴族男女が珠玉や貴金属を編んで頭・頸・胸にかけた装身具」とある。

B

江戸時代は園芸の黄金時代といわれるが、秋海棠を瓔珞に例えるなど、当時の人たちの花に対する文化性の高さが偲ばれる。

中国では、断腸花という別名がある。ものの哀れを感じさせる言葉のようでもある。永井荷風は、「断腸亭」と号する亭に住んでいたが、この花から名付けたのであろうか。

淡緑色の花は、いかにも秋草らしい。清楚なたたずまい。はじらうように、うつむきかげんに咲く淡紅色の花。雨に濡れる秋海棠は、明治・大正期には美人の形容だった。

ベゴニア類の葉は驚くほど違っている。普通葉の形は左右相称だが、この仲間はすべて左右非相称。一方が張り出て歪んでいる。川柳子はこのさまを、「秋海棠その葉は何を片思ひ」と詠んだ。花言葉も、「片思い、不調和、不釣り合い」。

英名のエレファント・イアーは象の耳に似るということか。

かつて、文人や俳人で「新秋の七草」を選んだ。「コスモス、菊、雁来紅、アカノマンマ、オシロイバナ、秋海棠、ヒガンバナ」であった。秋海棠は、秋を代表する日本的名花の一つといえよう。

ジュズダマ

数珠玉

今どきジュズダマといっても知る人は少ない。晩秋のころ、あちこちの溝などに、堅くつやのある黒色や灰白色の堅いツボ形の実をつけるイネ科の植物がある。

子供のころ、この実を糸に通して数珠にしたり、首から帯のあたりまで垂らす首飾りを作った思い出が幽《かす》かに残っている。

女の子は指輪にしたり、お手玉の中身にして遊んだものだ。今では、ただ大人たちの郷愁の草でしかなくなってしまった。

ところがそのジュズダマが、民族学者柳田国男《の》著の『海上の道』（昭和三〇年）に登場する。ジュズダマと宝貝の美しいカラー写真が載っているのを見てびっくり仰天したものだった。

柳田民族学の究極は、イネと日本人の関係を解読することにあるともいわれている。イネを携えた日本人の祖先が、大陸↓沖縄↓南九州へと北進してきた道筋に、ジュズダマが関わりを持っているという。なんとも壮大な仮説である。

イネ伝来の径路には、一つは、中国大陸から直接北九州へ、二つは、大陸の山東半島↓朝鮮半島から北九州へ、もう一つは、沖縄↓南九州の径路が考えられている。

いずれの径路にしても、四面海に囲まれた日本列島に、どんな魅力があって未知の国へやって来たのか。この問いについて納得のいく説明が少ない中で、ひとり柳田説に興味が惹《ひ》かれるのも無理はない。

話はこうである。古代中国では銅の通貨ができるまでは、宝貝が至宝であって、中でも黄に光る「子安貝」は一切の利欲願望の中心であったという。

宝貝を求めて海に出た男が、沖縄八重山列島に難破して漂着し、この島に住むに足る印象を得たとすれば、引き返して、妻子やイネを携えて再び集団移住してきたのではないか。

その魅力とは、偉大なる誘引とは何か。危険と不安の多い島に、家族、朋友を誘ってまで移住するほどの強い魅力とは、実はそこに宝貝、子安貝が豊富にあるからだった。

古来、がまぐち、財布が普及していなかった時代では、銭は紐に通して襟に懸ける風習があったが、それも中国での宝貝を首に懸ける風習の遺風だと考えられるようだ。

和名にジュズダマ、ズズダマ、スズダマ、ツシタマ、シシタマなどの呼び名がある。

E

柳田氏は、手首にかける数珠に托した名だと思っているようだがそうではなく、いずれも、丸い真珠の「珠《たま》」に用いた名だという。

八重山・宮古列島→奄美諸島→九州南端へと北進すると、内陸部の川筋に生えていたジュズダマで、宝貝を首に懸けた風習のように、長く二重・三重の首飾りを作った。それは曲玉より古いという。遠からず人間とは無縁のような存在になってしまうジュズダマに、こんな深い因縁のある事を知らされるのである。

スズカケノキ

鈴懸の木

スズカケノキは都会の樹。〝スズカケの散歩道〟はいかにもロマンチックな響きがある。大空いっぱいに広がる高い枝。天狗の団扇《うちわ》を思わすような大きな葉を茂らせる景観は、近代都市には欠かせぬ存在だ。

スズカケノキまたはプラタナスとも呼ぶ。専門家によると、全国一六〇都市の街路樹を調査した結果、一位はプラタナスの二九・六パーセント→シダレヤナギ一〇・六パーセント→ニセアカシア七・六パーセントとなっておりプラタナスがトップ。

世界の代表都市の街路樹のうち五大樹種は、ニレ、ボダイジュ、トチノキ、ポプラ、プラタナスだという。

例えば、ロンドン市内では六〇パーセントがプラタナス。また、パリのシンボルのマロニエはセイヨウトチノキである。神戸市内もプラタナスは多い。

西欧は古くから植栽があって、古代ギリシャのアリストテレスは、この種の樹の下で哲学を講じたので逍遥《しょうよう》学派といった。

日本へは明治末に導入され、欧風建築や近代都市に合った街路樹として急速に広がっていった。乾燥や湿害に耐え、樹勢強く強剪《せん》定によって好みの樹形が作られ、十分な緑陰ができ、繁殖も容易。

一方、近頃はアメリカシロヒトリの被害や若葉に密生する綿毛によるアレルギー、さらには冬の落葉の始末などなど愚痴も多くなってきた。

歌舞伎十八番『勧進帳』長唄の〝旅の衣は篠懸《スズカケ》の――〟と聞くと弁慶登場に身震いする。その篠懸とは、昔修験者の山伏の着る法衣のことで、それについている「襟飾りの玉」と、そっくりの球果がこの樹に垂れ下がるのでスズカケノキと名付けられたという。命名者は、明治の植物学者東大教授の松村任三博士。また別名「ボタンノキ」は、飾りボタンに倣ったもの。

花は黄緑色で細かいので目立たぬが、五月末には枝先に球状花序が垂れ下がってくる。

晩秋から落葉しはじめ、すっかり葉を落とした裸木に、ピンポン球に似た堅い球果が木枯らしに揺れる姿はいかにも侘びしい。

一方、樹肌の表面がさまざまの形に剥《は》げ落ち、緑と乳白色のまだら模様は美しい。

さて、スズカケノキには次の三種類がある。

・スズカケノキ（小アジア産）

・アメリカスズカケノキ（アメリカ産）

・モミジバスズカケノキ（イギリス産）

一般には三種類を含めてスズカケノキ（篠懸・鈴懸の人、プラタナス）と呼んでいる。

このうち、モミジバスズカケノキが一番多い。神戸市内、六甲道筋のはこの種。カエデの葉に似るので、カエデバスズカケノキとも呼ぶ。街路樹や公園樹として深いかかわりを持つ樹である。

E

センブリ

千振

センブリ、ゲンノショウコ、ドクダミを日本三大民間薬という。食後、陰干した茎葉に熱湯をかけて振り出して飲む。苦味の強い健胃剤として名高い。

〝良薬口に苦し〟とはよくも言ったもの。別名を「当薬《とうやく》」という。〝正に薬である〟と宣言しているかのよう。「当薬」は、れっきとした先人の知恵による和製の当て字。当を得た適切な薬という意味か。江戸時代は、多くの薬は布の小袋に入れて熱湯中で振り動かして煎じたことから「振り出し薬」と呼んでいた。千振の名は、千回振り出してもなお苦味が残るということから付いたという。朝・昼・晩と何回も何回も振り出して飲めるとは不思議な妙薬ではある。

リンドウ科センブリ属の二年草で、北海道から九州南端の日当りの良い丘陵・山草地に広く分布。秋に落ちた種子が翌春に発芽し、秋には約一センチ位の根出葉を四枚出して越冬する。二年目の春から茎を伸し約二〇センチ位になって枝先に開花する。

茎は四稜の暗紫色、直立状で枝分かれしている。秋に白に紫緑色の筋の入った小花を密につける。

女郎花咲きたる下に千振の　生えたるを見てしばらく去らず　　土屋文明

センブリは秋の終りを告げる小草。かつては秋日和の丘の小道などで、小さくてもしゃきっとした草姿のセンブリに出会うこともあった。近頃は全く見る機会に恵まれない。かつては、われわれとは浅からぬ縁で結ばれていただけに残念である。

数年前鹿児島県出水市のツル渡来地を訪ねた折、近在の鄙《ひな》びた温泉街で陰干のセンブリを見付けたときはとても懐かしかった。早速振り出して飲んだが流石《さすが》に苦い。「医者いらず、医者だまし、医者だおし」と言うようだが、胃の万病薬と錯覚して連用するのはよくないらしい。

『和漢三才図会』（一七一二）には、「當薬播州三木郡多有レ之」と紹介している。今の兵庫県青野ケ原台地に多く有ったのだろうか。

近頃は品不足で高価とか。一方栽培はなかなか難しいとのことで、栽培しても成功しないらしい。環境汚染も大きな原因だろう。

「千振り引く、當薬引く」は秋の季語。

F

千振の外に立ゆく胡蝶かな　青々

若い実のある花期に全草を掘り起こし、何本かを束ねて糸で括《くく》って陰干する。食後振り出して飲む。穂先を湯飲み茶碗に突込んで熱湯をかけ、根元をもって静かに振る。全草苦いが根株は特に苦い。

糊に煎汁を加えて壁紙を貼ると虫がこないし、小児の肌着を染めるとシラミ、ノミがつかぬといった時代もあった。髪が薄くなりかけに塗ると発毛効果もあるらしい。

ソテツ

蘇鉄

剛直でエキゾチックを感じる植物。今から一億五〇〇〇万年ぐらい前、恐竜が好んで食べていたので「ソテツの時代」と言ったりもする。今では、生き残りの化石植物。

南九州の都井岬や佐多岬、唐ノ岬、指宿《いぶすき》市の南などの海岸沿いには特別天然記念物級の大群落がある。一方、あちこちの庭園などにも栽植され、神戸相楽園のソテツ園の景観にはびっくりさせられる。また冬の菰被《こもかぶり》は一風変った乙《おつ》なもの。

昭和五八年、国会議事堂前の庭に、宮崎県・某氏の庭にあった樹令四五〇年、高さ五・九、幅六・三メートル、枝一七本の大樹が栽植、名物となった。

ソテツはソテツ科の裸子植物。「蘇鉄」と書くが、「蘇」は蘇《よみがえ》る、「鉄」は鉄釘《くぎ》や鉄屑《くず》の意味で、釘を打ち込むと元気になることから名付けたというが真偽は不詳。

漢名の「鳳尾蕉《ほうびしょう》」は、巨大な羽状複葉を空想上の「鳳凰《ほうおう》」の羽に見立てた名。英名は「ジャパニーズ・サゴパルム」。幹の髄からデンプンを採るのがサゴヤシに似ることから付いた名前。

幹は太い円柱形で短小。表面全体に鱗片状の葉痕が残り、幹頂に大形の葉を四方に広げる。葉は強剛な羽状複葉で光沢がある。若葉は逆に柔らかく渦巻き状に伸びる。

雌株と雄株は別々の雌雄異株。花は両者とも幹頂にでき、夏に咲く。雄花は巨大な松笠《かさ》状の球果で、ヘラ状のおしべを密生し、その裏に花粉袋をつけている。

E

幹頂の雌花は、普通の花のイメージとは全く異なったもの。先端は羽状に深裂した部厚い心皮（めしべ）で、黄褐色の毛で覆われており、包み込まれるように叢生する姿は異様そのもの。

冬から春にかけて、ここに赤い丸形・扁平の実が多数できる。

〝赤い蘇鉄の実の熟《う》れる頃、花も年頃大島育ち――〟の唄もある。

「蘇鉄の団子を食えば百日食わんでもよい」と言う俚諺が九州にあるらしく、蘇鉄の実の栄養価を評したものらしい。

前述した幹の髄から採るデンプンや乾燥種子のデンプンは十分水洗いして食べる救荒食糧であった。「毒も薬」の例え通り、健胃、強壮、通経などの薬用にしたり、葉は生花材、工芸品の原料にしている。

明治二九年に、東大理学部助教授の池野成一郎が雌花から精子を発見したニュースは世界を驚嘆させた。受精の際、花粉管の先端が破れ、二匹の精虫が出る。同時に卵器より一種の汁液が分泌され精虫はこの汁液の中を遊泳して卵核と合体すると発表された。

同年、池野の助手平瀬作五郎がイチョウで精子を発見するなど、ともに全く信じられないような業績で、世界の学会をリードした功績に対し、恩賜賞が授与されたことは余りにも有名な話である。

池野の材料は鹿児島市のソテツから発見されたと報告されている。

ソバ
蕎麦

「信濃には　月と仏と　おらが蕎麦」、は俳人一茶の自慢の句の一つ。

一茶は北信濃の寒村に生まれ、月と仏とソバを、おらが国の自慢にしていた。彼の生誕地の近くに更科《さらしな》の地があり、善光寺平南部のそこは昔からソバの産地。その上〝うば捨て山〟の伝説や〝田毎の月〟の名所も近い。冷たい風が吹き渡る高原の晩秋、朝露のような感じの白々とした小花が寂しく揺れている。

白楽天が西安の郊外で、ソバの花の美しさをたたえて、「独り門前に出でて野田を望めば、月明らかに蕎麦花雪の如し」と詠んだ詩はこのような風景だったのだろうか。

三稜形をした子実は、白→赤→黒と変じ、成熟するとつやを帯びる。この胚乳からソバ粉をとる。ソバ粉の国内生産量は、全消費量の二割程度。それだけに、こんな風景は遠くなってきた。近年、イネの代替作物として復興の兆しもあるようで、兵庫県下では、出石、豊岡、和田山など但馬の地にソバ畑が点在するようになってきた。

「蕎麦《キョウバク》」はソバの漢名。平安頃は、ソバムギ、クロムギと呼んでいる。『日本釈名』には、「そばむぎと云意。まことの麦にあらず。麦につぎてよき味也と云意也。民の食として麦につげり」とある。

ソバの意は「傍《そば》」で、本物に対し「第二のもの」という意味。麦に対しソバムギ、妻に対し「そば女」つまり側妻、めかけのことだとする説。

もう一方は、ソバは「稜《そば》」のことで、子実が鋭い稜線を三つ持っている外面からついた名だという。今も険しい山道を岨道《そばみち》と呼ぶ。「信州信濃の新そばよりも、わたしゃお主のそばがよい」としゃれた俗謡もある。

そばはツルツル食べるものと相場はきまっているが、古い時代は、ソバ粉をそのまま煮るとか、米と炊き合わせた「そば飯」、「そば米雑炊」や粉にひいて熱湯でこねた餅状の「そばがき」で食べた。江戸時代に今日の「そば切り」が、甲州から起こり江戸に流行したといわれる。当時関西は〝うどん〟が主流であった。

以前、「更科そば」と「藪そば」の区別があった。前者は一番粉で作った白く細いそばで、地名の更科からついた。後者は二番粉のため色黒で切れ易く田舎じみた味。「ソバ通」は区別してのれんをくぐった。

「天ぷらそば」は日本食の代名詞でもあったが、純日本製は、水道の水とネギだけ。ソバ粉は中国、ブラジル、カナダ、アメリカなどから大量輸入している。

A

ソバの原産地は中央アジア、中国南部から朝鮮を経て渡来。養老六年（七二二）七月、諸国にソバとオオムギを植えさせた記録があり、奈良時代から備蓄食糧として重要視されていたようだ。

ソバはヤセ地でもよく育ち、約七〇日余で収穫。夏ソバと秋ソバの二回もとれるなど見直したい作物。

トクサ

木賊

「木賊《トクサ》という物は風にふかれたらむ音こそ、いかならんと思ひやられてをかしけれ」と、『枕草子』六七段「草は」に書いている。

風に触れ合う音を、繊細な感覚で述べたものであろう。

深い緑色の茎は、円柱状中空で株元から先まで太さの同じという不思議な茎で、枝分かれせず真っ直ぐ伸びる。

茎長は三〇～一〇〇センチ位、五～七センチ毎に節があって、節に黒褐色膜質の小さい葉を輪生する。丁度ツクシの袴を小さくした格好。

地下茎は地中を横走して地上に茎を出すので群生状態になる。茎には一五～三〇本の縦溝があってざらざらしていて、晩秋の頃に茎頂にツクシに似た胞子のう穂をつける。

花というほどのものではないが、風流人が詠んだ、「すれすれの中に花咲く木賊《トクサ》かな」とは、清少納言の趣と比べるとやや艶っぽい。

トクサはトクサ科トクサ属のシダ植物の一種。世界に約三〇種、日本には数種がある。中部以北から北海道の山中の湿地、川岸の樹下などに群生する常緑多年性草本。

この仲間は、今から約二億年前に地球上から絶滅してしまい、トクサやスギナといった小型のものだけが残った。三億年前の古生代や石炭紀には大型の仲間が地球を覆っていたらしく、恐竜の餌であっ

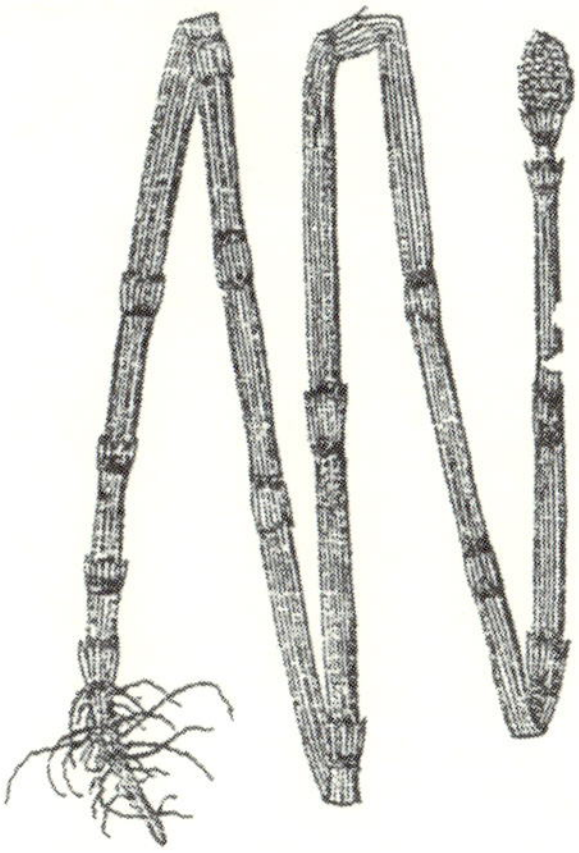

F

たが絶滅して今は石炭源となっている。

トクサの名は砥草。あるいはトギクサのギが省略されてトクサになったという。漢名は「木賊《モクゾク》」。「賊《ゾク》」は、傷をつける意。

茎には多量の硅酸分を含み、ざらざらしているので研磨材として昔は重宝されていた。塩水で煮沸してからよく乾燥して使う。木や動物の骨や美術品、刀の錆も落とした。漢名の木賊の意味は、むやみにこすると木を傷めるということらしい。

「木賊刈り」は秋の風物詩。茎がやや黄ばみ、充実した頃に刈りとる。古書には、京都府園部町が特産地とある。その後は信州で栽培出荷していたが今は廃れた。

「老の身は枯木の如くなりにけり、とくさを刈りて何を磨かん」と詠んだのは大田南畝（蜀山人）。

大阪の商人天野屋利兵衛は、赤穂浪士の仇討に力を貸した商人として有名。

岡山県北東部英田郡西粟倉村は兵庫県千種町との県境で、永昌山鉄山があったところ。かつてはここにトクサの大群落があったという。この地に潜居していた利兵衛は、四七士の武具を作り、磨き上げにトクサを使ったと伝えられる。天野屋利兵衛は男でござったのである。

日本庭園の石組みや敷砂、泉水脇などによく似合う。単純な直線的草姿は庭植えや花材として好まれ、また、園芸用には斑入り種やごく小さいヒメトクサを盆栽にする。

トリカブト

烏兜

秋冷の山中に咲く鮮明な紫紺色のトリカブトは、美しい有毒植物の第一級品。よくもまあー、こんな美しい花が毒草とは――。

トリカブトはキンポウゲ科の仲間。日本各地の低山から高山まで広く分布、十数種あるが中部以北産のものに毒性が強い。ヤマトリカブトはその代表種で、近畿以西には少ない。

根は逆紡錘形のイモで、これにアコニティン、ヤパコニティンと称する猛烈な有毒アルカロイド物質を含む。アイヌが毒矢にして熊狩に用いたことは有名。またこの毒をモリに塗って鯨とりの投げ槍にしたとも伝えられる。秋にイモを掘り上げ、炉端の天井に吊るして乾燥したものを、石の上で砕いて水で練って使う。

東北のある村で、農家七人家族全員が死亡した事件があった。実は自家製の濁酒《どぶろく》に、トリカブトの全草の搾り汁を入れたらしいと報道されていた。葉は毒は少ないのだが。

『毒も薬』の例え通り、不老長寿の霊薬でもある。漢方では、「烏頭《うず》、附子《ぶし(す)》、天雄散」と称し、鎮痛、鎮痙、強心、強壮薬。

「匙《さじ》加減」が難しく、量を誤ると命を落とす。東大名誉教授の本草学者の第一人者白井光太郎博士は、「天雄散」の常用者で、八〇歳を過ぎてから子供をもうける程の方だったが、量を誤って中毒死された。

C

『狂言』に「附子《ぶす》」という面白いのがある。日頃ケチな主人の留守中に「附子」の毒だといい含められていた「黒砂糖」を、太郎冠者と次郎冠者がすっかり舐めてしまい、その口実に、主人愛玩の天目茶腕や掛け軸を破ってしまった責任といって附子を舐めて死のうとしたが効き目がなかったという筋書き。ケチへの報復手段。

花の形が異様である。花弁は二枚だが退化して蜜槽になっている。五枚のガク片が風変わりで、上の一枚が大きく帽子状となり、左右の二枚と下の一枚はほぼ同じ大きさ。

その形が、雅やかに舞楽を奏でる伶人の冠に似ることから鳥兜《トリカブト》の名が付いた。漢名は、「烏頭《うず》、烏喙《うかい》、附子《ぶし(す)》」。

烏が羽をたたんだ形に似ることから烏頭《うず》、烏喙《うかい》は烏の嘴《くちばし》、附子は母球の両側につくイモの様子から付いた名。西洋では「修道僧の頭巾」の呼び名がある。

別名カブトバナ、カブトギク、ウズ。人殺し草とか、オオカミの毒という物騒な名もある。

欧州では古くから庭園に栽培している。外国種は比較的毒の少ないものが多く、日本で栽培されるのは外国産のハナトリカブトが中心。

口に入れたり、傷口に触れなければ危険でなく、観賞価値は高い。

春に根分けして脇芽を植える。半日陰の湿ったところを好む。花言葉は、「人嫌い、復しゅう」。

ナツメ

棗

「庭に一本棗《ひともとなつめ》の木、弾丸あともいちじるく……」の歌は、『水師宮の会見』の一節である。年配の人々の記憶に残る歴史的唱歌だ。

日露大戦（明治三七〜三八年）の最大激戦地の旅順城が陥落、日本軍司令官乃木希典《まれすけ》と露軍司令官ステッセルが、旅順北西の水師営の民家で終戦会談した模様を語る歌である。

難攻不落の旅順要塞の戦いは、肉弾につぐ肉弾攻撃で、実に一五〇日余、参加将兵一三万余人のうち、五万九〇〇〇余人の生霊を犠牲にした未曽有の凄惨な肉弾戦であった。

「崩れ残った民屋《みんおく》に今ぞ相見る二将軍」、そこにはナツメの一樹も辛うじて生き残っていた。武士道と騎士道の戦いの後は、「昨日の敵は今日の友」として、両将互いに称賛し合う友情の姿が語られる。明治陸軍の武士道的大義が、時代を越えて私たちの脳裏を震わす。

乃木将軍は帰還後、学習院院長となり、明治天皇崩御ご大葬の日、妻静子と割腹殉死された。一方、ステッセルは、敗戦の責で死刑宣告を受けたが、乃木の弁護で死刑は救われた。のち乃木の殉死に深い哀悼の意を表したと伝えている。

拙宅にも近隣の農家の大木の根から出た芽生えを貰《もら》って植えている。農家の庭先に、ナツメの大木を見ることが多いが、まこと宜《うべ》なるかなである。

さて、ナツメはクロウメモドキ科の落葉高木で、中国北部が原産。日本への渡来は古く、平安期の

G

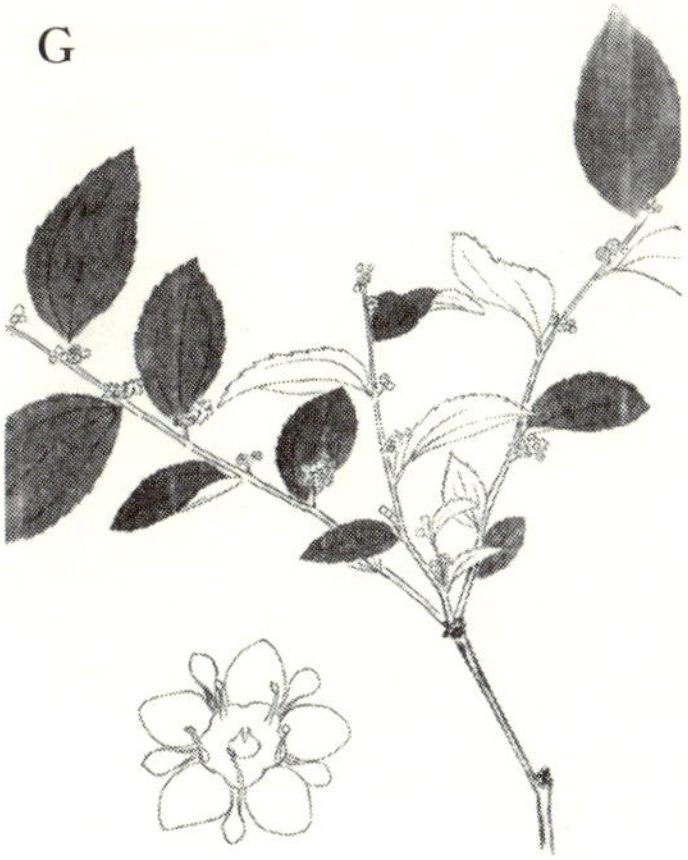

『延喜式』（九二七）には、薬用、食用として信濃・丹後・因幡・美作・備前・阿波から干棗《ほしなつめ》を貢賦《こうふ》しており、当時既に広く栽培されていた。

中国では五果（李《スモモ》・杏《アンズ》・棗・桃・栗）として重要な果樹であった。秋にだ円形、暗紅色の実が採れる。茶道に登場する抹茶入れの棗は、ナツメの実の形に似ていることから付いた名。また、茶花に使うのは、葉の開く前の芽出しの枝を使う。

生果は甘く、毎年よく結実するが、熟期が一斉でないので、庭先に植えておくと採取に便利である。なお果実を干した干黍《ほしなつめ》、果実の大きい大棗《だいそう》は、利尿強壮薬にする。

材は緻密で加工が容易。彫刻や版木に好適。ナツメの版木で刷って作った書物を「棗《そう》本」と呼んだ。また馬の鞍《くら》を作ったり、中華料理の「北京ダック」はこの材で焙《あぶ》る。

「棗栗《そうりつ》」と言う言葉がある。昔婦人が人を訪ねるとき、ナツメとクリを手土産物に持っていく風習があった。そんな名残りなのか、飛騨高山の町内にはナツメの老木が多く見られる。現在ではちょっと想像できないことだが。

『万葉集』に「梨棗黍《キビ》に粟つぎ延《は》ふ田葛《くず》の後も逢はむと葵花咲く」の歌がある。この歌、当時の食膳に供された植物名を、ナシ、ナツメ、キビ、アワ、クズ、アフヒ（食用のフユアオイ）の六種を詠みながら、君と逢う日の恋心を歌ったものである。ナツメの歴史は重い。

ナデシコ

撫子

清少納言は、「草の花はなでしこ、唐のはさらなり、やまともめでたし」と激賞、ズバリ第一級品に格付けした。

ナデシコは、古人が最も愛惜した草花で、『万葉集』には二六首が登場する。「野辺見れば撫子の花咲きにけり　わが待つ秋は近づくらしも」（詠人不知）の歌は、秋にさきがけて咲くナデシコは、自然を友として暮らしていた古人には、季節の移りを告げるにふさわしい植物であったに違いない。

ナデシコは日当たりのよい各地の山野に自生する。一見弱々しい感じだが性質は強く、かんかん照りの河原でも平気で咲く。そんなことから一名カワラナデシコと呼ぶ。

株元近くの節から折れ曲がるように枝が叢生する。「なでしこはなぜ折れたぞよ折れたぞよ」と詠んだ俳人もおり、挫折と立ち直りの身の上を、ナデシコに重ね合わせて詠んだものらしい。

花は淡紅色か白でいかにも優しい。花弁は五枚、弁縁が細かく深裂、下部は狭くなって、細長いガクに包まれる。

ナデシコの花は、自花受粉を避けるため、雌雄異熟という現象がある。つまり、めしべとおしべの成熟する時期がずれていることで、ナデシコの場合は、おしべが先に成熟する「雄ずい先熟」の例であり、そのようにして近親間の交配を避けている。

その上、ガクが筒状で二〜三センチと長く、底の蜜を吸うには、蝶のような長い口吻をもったもの

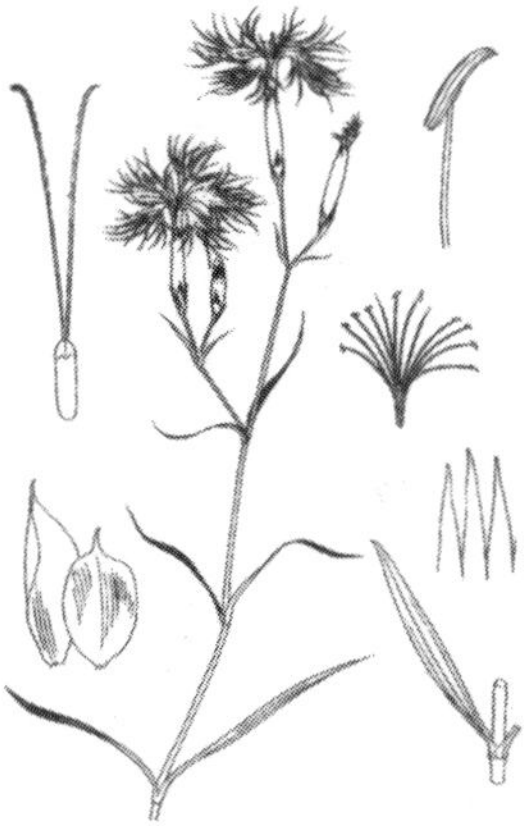

C

しか吸い上げることができないので、この種の花を蝶媒花という。

ナデシコの呼び名は、『大言海』によると、「この草の花、形小さく、色愛すべきもの故に、愛児に擬し、ナデシコという」とあることから、わが子を愛撫したいような可憐な花に思えることから「撫子」の名がついたという。

平安の頃、中国からカラナデシコ（石竹）が伝来したことから、江戸期になって、日本産ナデシコに大和ナデシコの名をつけた。花に女性のイメージを重ねて呼ぶ例はいくつかあるが、美しく、優しい中にも芯の強さを秘めた日本女性を象徴する呼び名であった。しかし今では、古語の部類に入ったのか、あまり耳にしない。

カーネーションはナデシコの仲間から改良された園芸種。「母の日」の花として大衆化しているがまさか、大和ナデシコの復権を願ってのことではあるまいが。

日本人が作り出した珍花に伊勢ナデシコがある。花弁が細かく裂けて垂れ下がるもので、古く伊勢松阪で改良された。

人形寺で有名な京都宝鏡寺で今も栽培されている。この花、光格天皇の皇女が宝鏡寺の門跡として入られるとき、「朕亡き後も永くこの花を培養せよ」とのお言葉通り、今も栽培が続いている。

ナナカマド

七竈

晩秋の東北で見たナナカマドの紅葉は素晴らしい眺めであった。澄み切った高原の空気、山肌を染める深紅のナナカマドの風景は今も鮮明に甦ってくる。

ナナカマドは日本各地に自生するバラ科ナナカマド属の落葉高木。北海道では庭木、公園樹、街路樹に愛用され、旭川市の市木である。

バラ科といっても花は美しくない。五～七月頃白い花が枝先に密集して咲く。落葉後、輝くばかりの紅い実がいつまでも残る。

ヨーロッパにあるオウシュウナナカマドは古くから観賞木として栽培されている。葉は紅葉せず、果実は日本のナナカマドより大きい。これから多くの園芸種も作出され、果実の色も白、桃、橙、紅など変化が大きい。

切り花用や庭木として植栽されているニワナナカマドは、花や葉の形がナナカマドに似ることから名付けられたが、ナナカマドとは別属の植物である。

日本にはナナカマドの仲間は六種ほどある。いずれも果実は小さい紅の球形で小鳥が好む。オウシュウナナカマドの果実からジャムや酒を作るらしいが、日本産のものは苦くて食べられない。

秋晴や瑠璃の波よるなゝかまど　　秋桜子

B

ナナカマドの呼び名について、牧野博士は「ナナカマドは材が燃えにくく、かまどに七度入れてもまだ焼け残るというのでこの名がついた」と述べている。

燃えにくい木で、生木から炭になるまで、七つのかまどに入れても燃え尽きないことから付けられた名前だという。

この説とは別の意味があるとする説もある。この木は、それほど燃えにくくなく、焼け残ることもない。ナナカマドの名は、炭焼きに因んでつけられた名だという。

ナナカカマド↓ナナカマドになったという説。「ナナカ」は古い言葉で七日のことで、今日は「ナノカ」と変化している。カマドは炭焼きのかまどのこと。ナナカカマドの「カ」一字が省かれたもの。

ナナカマドは材が堅いので、七日間ほどかまどで蒸し焼きして炭化する。極上品の堅炭は、ムラサキシキブやナナカマドなどの堅い材で作る。火力が強く、ウナギの蒲焼きに珍重された。

ナナカマドの別名に、ライデンボク(雷電木)の呼び名がある。植木屋、花屋で使っている呼び名。〝雷除け〟の木ということで、家の軒先近くに植える風習。

西欧でも同じ伝説があるのも不思議である。オウシュウナナカマドは、軍艦の一部に必ず使って雷除けにしたという。花言葉も、「安全、用心、慎重、交通安全、事故防止」となっている。材が強いことから、かつての剛力力士「雷電」にあやかった名だといわれるが、これは後からこじつけたもの。

ニシキギ

錦木

「紅葉前線」は北から南へ。燃ゆるが如き紅葉が錦を織りなす景観も、冬の訪れとともに紅葉から落葉へ――。自然は栄枯盛衰のリズムを正確に繰り返す。

〝紅葉《もみじ》狩り〟は、昔から日本人に親しまれてきた粋な行事。主役はモミジやカエデの仲間だが、ハゼ、ニシキギ、サクラの紅葉やイチョウの黄葉も美しい。

「秋の夕日に照《て》る山紅葉、濃いも薄いも数ある中に、松を色どる楓《かえで》や蔦《つた》は、山のふもとの裾模様《すそもよう》」の歌は、かつての文部省唱歌。このメロディーが胸中に鳴りわたってくるのは紛《まぎ》れもなく老いの証拠。

ニシキギの紅葉は、文字通りの錦木で、人によっては、モミジのそれより冴えて美しいという。「錦木紅葉《もみじ》」の呼び名さえある。

錦木は、青葉のころでも数枚の葉が目に沁みるほど紅葉することがある。『枕草子』「木は」の段に、「そばの木（錦木の古別名）は、（中略）時節にもおかまいなく、濃い紅葉《もみじ》がつやつやとした感じで思いもかけない青葉の中からさし出ているのは、目新しい」とある。才媛の観察眼には頭が下がる。

紅葉《もみじ》の美しさもさることながら、この実が、また美しい。暗褐色の果皮が裂けて、その中から珊瑚《さんご》玉を磨いたような朱赤色のつやのある種子がのぞく。

枝は特異な形をしており、コルク質の翼状の稜がある。弓矢の羽根を連想させる姿から、古くは「鬼の矢柄《やがら》」、また漢名を「鬼箭《きせん》（矢）」と呼び、呪術的な力を信じた。この翼の煎液を漢方薬として駆虫や皮膚病に利用するらしい。

一方、「シラミコロシ」の名が各地にある。これは、ニシキギの果実を搗き砕いて、水油を加えて練り、頭髪に塗って虱《しらみ》殺しに用いたことからついた呼び名。「シラミノキ」と呼ぶ地方も多くあったことから広く使用していたらしい。

また一説に、「この木を焼いた灰に挿木すると、どんなものでも皆よき色になるので錦木と言う」との伝承は直ちに信じ難い。

日本各地に自生するニシキギ科の落葉灌木で初冬の雑木林に美しい彩りを添える。切り花やいけ花の花材としても使われ、また公園や庭木にも広く植栽、日本庭園では蹲踞《つくばい》、石灯篭《とうろう》、池泉附近の植栽に取り分け似合う。

G

錦木の門をめぐりて　をどり哉《かな》　蕪村

錦木を〝火と燃える〟恋愛の証《あ》かしとする伝説が東北地方にある。その昔、同じ村の娘に恋をしたが娘を呼び出す勇気がなく、燃ゆる想いを錦木に託して娘の戸口に立て掛けて帰るという。

好きな男であれば取るが、そうでないと取らない。男は粘り続ける。やがて岩木山に粉雪が舞うころには、「千本目の錦木」が立ち、ようやく男の気持を受け入れた。涙ぐましいまでの伝説ではある。

ノジギク

野路菊

踏まれても踏まれても　菊咲いている　　吉川英治

ノジギクは兵庫県の県花。性質強く、白い清楚な花が年の暮れまで咲く――詩の通り。キク類を大別すると、栽培ギク、食用ギク、野生ギクに分けられる。ノジギクは十数種ある野生ギクのうちの代表種。

世間でよく言われる「ノギク」という和名の植物はない。種々の近縁の仲間を含め、例えば、ヨメナギク（ヨメナ属）、ノコンギク（ノコンギク属）など、キク属以外の種類を混同して呼ぶ名である。植物界の泰斗と称されている牧野富太郎博士が、郷里の高知県吾川郡川口村の仁淀川付近で発見されノジギクと命名された。博士弱冠二三歳のとき。明治一七年（一八八四）一一月のことだった。

ノジギクは瀬戸内海沿岸の潮風を受ける日当りの良い斜面を好む。特に兵庫県は分布の東限。播州地方の海岸付近には大群落の自生が見られる。

昭和二九年（一九五四）、ＮＨＫが全国各県の郷土の花を募集したとき、多くの県民の支持を得てノジギクが選ばれ、以後兵庫県花として親しまれている。

兵庫県下で初めて発見されたのは明治四〇年（一九〇七）に、表六甲の六甲ケーブル付近で、山鳥吉五郎氏が発見した。山鳥氏は明石女子師範の教諭から、西宮高等女学校長に転じた博学の植物の先生だった。

その後、大正一三年（一九二四）に、牧野氏が兵庫県高砂で大群落発見以来、昭和三年（一九二八）には山鳥氏が曽根・妻鹿で大群落を、続いて七年（一九三二）には大塩で大群落が発見される。さらに、八年（一九三三）には大塩で黄花が、また三五年（一九六〇）大塩でピンクが発見されるなど、県下における分布に注目されるようになった。

ノジギクの人気は、嫌みのない清楚でスマートな草姿にある。花首が細くて長く、花はいつもパッチリと開いている。半開の中途半端のものがない。このことを〝花のさばきが良い〟と呼ぶ。栽培ギクの花は寝不足の老人の眼、ノジギクの花は乙女の張り切った眼だ、と評する人さえいる。その上、親和力が強いので他の種類のキクと容易に交配する。

実はノジギクも栽培ギクも同じ五四本の染色体を持つなど不思議なことで、牧野博士はこのことから、今日の栽培ギクの成立にノジギクも関わりを持っていると考えられていたようだ。

F

一方、ノジギクは歴史が古い植物だけに老衰絶滅が心配されている。加えて宅地開発などによって群生地は次第に消えている。

県・関係市町村や市民、民間企業などが二〇年程前から、群生地の復活や原種保存の園づくりに取り組んできた。また子供たちも学校園に植栽して、可愛い花の〝ノジギク園〟づくりに頑張っている。

ハゲイトウ

葉鶏頭

紺碧の空に、燃えさかる炬火のようなハゲイトウが道ゆく人の足をとどめさせる。

ハゲイトウの名は、葉の美しいケイトウ（鶏頭）のことで、古書には、「その葉、九月に鮮紅花の如し、これにより名づく」とある。

古くから親しまれてきた観葉植物であったが、近頃はめっきり減ってしまったようで、これに代わって、ケイトウ、コリウスが多い。

「雁来紅《ガンライコウ》」は漢名である。「雁の頃葉鮮紅、紅色花の如し」。この花の紅に染まる頃雁が渡ってくるという。空を渡る雁、地に燃えるハゲイトウといった風物は今では見ることができない。

和名カマツカと呼ぶ。「雁を待ち紅く染まる」の言葉が縮まったものという。また一説には、葉の形が鎌に似るからともいう。

カマツカの名の初めは、『枕草子』で、「わざととりたてて、人めかすべきにもあらぬさまなれど、かまつかの花ろうたげなり。名ぞうたてげなる、かりのくるはなと文字にはかきたる」とある。雁来紅をカマツカと呼んだ。

『枕草子』にいうように、とりたてていうべき植物ではないが、しかし、なんとなく心惹かれる草花である。秋の紅葉が、人々の心を深く打つのと同じように、生命の最後のともしびとして心に映ずるためだろうか。

F

『大和本草』（一七〇九）には、ハゲイトウを「老少年」の名であげている。中国での俗名に「還少年」の名もある。面白い名前である。

さて、学名をアマランサスというが、その意味は〝しおれない〟。いつまでも葉が赤々と燃え、若い生命が躍動している草という意味である。

洋の東西を問わず、ハゲイトウは命の若返りを意味する草花であったようだ。花言葉は「不老不死」。

園芸品としての改良はあまり進んでいない。頂部の葉が黄色に染まる雁来黄や紅、黄、緑色の三色カラー、また葉の細長いヤナギハゲイトウなどがある。

花は上部の葉腋につくが、目立ったものではなく、観賞価値は全くない。

茎は太く背丈ほどに伸びる。もの思わせる秋のたたずまいである。庭に群植しておくと、美しい姿を競い合い、秋空に映えて一段と美しい。

原産地は熱帯アジアのインド。そのため高温を好む。日当たりの良い場所で作ると葉は美しい。移植を嫌うので直播きする。

五月頃に播くが、発芽には光を嫌うので十分に土をかけること。乾燥状態でよく育つ。チッソ肥料が多過ぎると葉色が悪くなる。

平安時代に中国から入った。日本の風土によく適合して古くから親しまれてきた花だったが、今や古典的な植物扱いになってきた。

ヒョウタン

瓢箪

人類とのかかわりが最も古い植物。熟した堅い果皮は、柄杓《ひしゃく》になったり、酒器や楽器にもなる〝便利な容器〟であった。

福井県鳥浜貝塚は若狭湾に面する縄文前期（約五九〇〇年前）の遺跡で、加工したヒョウタンの果皮や種子が発見されている。

ヒョウタンの原産地はアフリカ西部のニジェール川のサバンナ地帯。日本へは黒潮に乗って漂着したものを育てたのだろうか。

稲より早く渡来していたことは確かで、滋賀県粟津遺跡は縄文中期前半（約四五〇〇年前）といわれ、ここからも果皮や種子が発掘されており、弥生前期には、日本各地で広く栽培されていたと思われる。

吹田市にある国立民族学博物館に入って先ずびっくりするのは、東南アジアやアフリカなどから蒐集された膨大な数のヒョウタンである。

容器類、装飾品、楽器、仮面、漁具などなど。農耕文化の中に占めるヒョウタンの位置を改めて知らされる貴重なコーナーである。ヒョウタンは〝生きた化石植物〟といわれる。古代史の解明には、土器学よりもヒョウタン学の方がより真実を語ってくれるかも知れない。日常生活に欠かせぬ〝便利な容器〟であったのだから——。

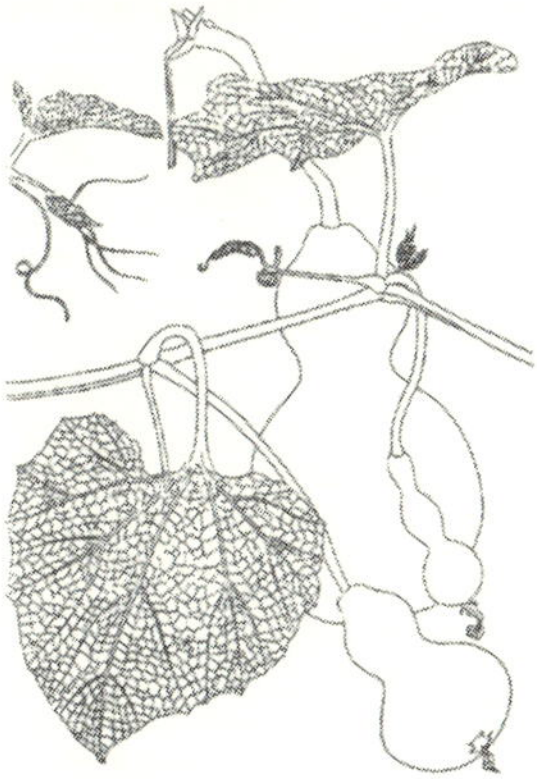

A

一時忘れかけていたが、近年人気復活。自然が作り出す愛嬌のある果型に素朴な味わいとぬくもりがあり、その瓢逸《ひょういつ》と禅味は、まだまだ捨て難く、愛好者は多い。どこから見ても角《かど》はなく、膨れるところは膨れ、締まるところは締まっており、沈めんとしても沈まぬ不屈の魂など、造化の妙に言葉がないほど。

神話、伝説にも登場する。神功皇后の三韓征伐には、匏《ひさご》（ヒョウタン）を海に散らして浮かべ、しかる後に軍船を進めたという。お椀《わん》の船に乗って来た一寸法師もヒョウタンの船だろう。堅くて軽く、水に沈まず、壊れにくいため、身を守ってくれると信じ、腰に提げたり、鎧《よろい》の背に差して出陣した。秀吉の金のヒョウタンの馬印は有名である。

諺も多い。「ヒョウタンに釣鐘」は比べものにならぬ例え。「ヒョウタンでわらを打つ」は不可能な相談。「ヒョウタンから駒が出る」は冗談《じょうだん》が事実になった例え。「ヒョウタンなまず」は捕えどころのない人物をいう。

漢名は「瓢箪《ひょうたん》」。ヒョウタンの和名は漢名の音読み。古くは、匏《ひさご》、瓠《ふくべ》といった。ひさご→ひしゃくに転訛したという。「兵丹」は当て字。

奈良漬けに苦味を抜いた千成ヒョウタンの若い実が入っている。普通苦くて食用にしないが、東南アジアの一部や沖縄、台湾などには食用ヒョウタンがあるらしい。

兵庫県美方郡浜坂町七釜温泉郷にある浜坂民芸館には二〇〇〇点余りのヒョウタンがあり、村おこしに役立てていた。

フヨウ
芙蓉

フヨウは秋の花。夏の終わりから晩秋にかけて、天に向かって広げた枝先に、ふっくらと華麗な五弁の大輪をつぎつぎ咲かす。

柔らかい色合いのピンク一重咲きがフヨウの基本種。その変種に清楚で品のいい純白一重咲きと、妖しいまでに艶《あで》やかな酔芙蓉《スイフヨウ》とがある。

花の命は短く、朝開いて夕べには凋《しぼ》む薄命の一日花。朝露を宿して咲くフヨウの姿に一抹の寂しさを覚えるし、それだけに却って、美をより感動的にしてくれる。

「芙蓉の顔《かんばせ》」の言葉は、薄命の美女を形容する言葉と受けとれよう。

「枝振りの日毎に変わる芙蓉かな」は芭蕉の句。枝振りがそうそう変わるわけでなく、咲く花が日毎に変わる位置にあるというフヨウの特性を見事に詠んだもの。

フヨウはアオイ科ハイビスカス属の半耐寒性落葉低木。ムクゲ、モミジアオイ、ハイビスカスなどと同じ仲間。原産地は中国南部の雲南省。この地では常緑で喬木になる。

フヨウは東洋人好みの名花。観賞は中国、韓国、日本に限られる。韓国の国花はムクゲ。中国は栄華の花として古くより寵愛。ある時代、四川省成都の街はフヨウの花で埋まったという。成都は今もフヨウの都として有名。

日本にも野生がある。九州南部から沖縄諸島、また伊豆半島や四国の暖地海岸沿いの谷間にある。

しかしこの種は、もとからの自生か、あるいは中国から渡来のものが野生化したのかは詳らかでない。生育は旺盛で株元から枝を叢生して四方に繁茂する。冬の寒さ到来で花も葉も散り落ちる。寒さの厳しい年では、未熟枝が枯れたり地上部上半分が枯れ込む。

果実は球形、成熟すると五つに裂け種子がこぼれる。冬、寂しくなった枝に口を開けた果実の殻が残る。これを「枯芙蓉」と呼ぶ。

富士山の別称を「芙蓉の峰、芙蓉の高嶺」と呼ぶ。白雪に覆われた富士の霊峰と清浄純白のフヨウの姿とを重ね合わせたもので、花に寄せる日本人の心情の純化した現れと受けとれよう。

酔芙蓉は徳川末期に中国から入った最も優れた種類。朝の咲きはじめは白、昼頃には佳人の薄化粧にも似た淡いピンク、そして夕暮れどきには、酒気を帯びた美人の頬のような紅色へと色移りする。「酔客、酔美人」の呼び名まである。

九州方面ではかなりの小高木になるため、色とりどりの花が枝いっぱいにつく様は見事である。

G

近頃、近縁のアメリカフヨウが目につく。真夏の頃子供の顔ほどもある巨大な花で、花弁が薄く、風にヒラヒラ。花色も多彩であるが、この花も朝開いて夕方に凋む一日花であるのが惜しい。

ヘチマ

糸瓜

暑さ寒さも彼岸まで——の言葉通り、空気の肌ざわりはもう秋である。夏から育ててきたヘチマの棚も店じまいの季節。

世の中のろくでなしを、〝ヘチマ野郎〟というが、ヘチマ自身は精一杯生きているのであって、〝世の中は、なんのヘチマと思えども、ぶらりとしては暮らされもせず〟の例えは、〝人間野郎〟を戒めての言葉である。

ヘチマは慶長年間に中国から渡来したといわれる。糸瓜をヘチマと読むが、繊維をとる瓜という意味である。さて、ヘチマの呼び名は何の因果によるのであろうか。

こんな話がある。諸国の方言を集めた、『物類称呼』（一七七五）に、「信濃にてトウリという。薩州にてナガウリという。トウリはイトウリの上略なるべし、或人曰く、ヘチマという名は、トウリより出でたり。その故は、トウリのトの字は、イロハのへの字とチの字の間なれば、ヘチの間という意にて、ヘチマとなづく」とある。

先人の才覚には笑いがある。トは、へとチの間にあるということからヘチマと名付けたという。

ヘチマの繊維は、たわし、靴の敷皮、重油のろ過用フィルターなどに利用される。戦前は欧米にも輸出されたが、静岡が特産地。

沖縄や九州地方では若い果実を食用にする。専ら食用のヘチマだが、どんな種類でも幼果は食べられる。〝靴の敷皮〟なんぞが食えるのかと笑ったら、〝洗たくのさお〟でも食ってるじゃないか、と反論されたという話もある。

三杯酢にして酒の肴、鴫焼き、油いため、揚げ物、汁の実や漬け物と用途は広い。味の方は、食わぬ者には分らぬそうだ。来年は味見を忘れぬようにしてほしい。

ヘチマ水も重要な用途。天然の化粧水で美人水ともいった。旧制中学校の文化祭では女学生の人気のまと。市販品は、これに薬品を添加するらしいが、そこは企業秘密なので省略しておく。

氷砂糖を加えて飲用すると咳止めに卓効がある。「痰一斗ヘチマの水も間に合わず」は子規の句。

ヘチマの水とりは、九月中に株元から五〇センチ位で茎を切り、一升ビンに挿しておくと、二、三日で一杯になる。この液をろ過して冷暗所に保存して使う。

ヘチマの繊維は、果実が十分に成熟して、果皮がやや堅く黄味を帯びた頃に収穫して水中で腐らす。一〇日前後で果実が腐るので、強く叩いて種を除く。

A

六尺ヘチマなどと称する細長い種類では、入浴の折に、背中をこするのに最適で、美容と健康に得難いものだった。

近代化の波に押されて、身の回りから姿を消してしまったが、ヘチマの価値をもう一度見直してみたいと思うのだが。

ホウセンカ

鳳仙花

夏から秋にかけて、帆かけ船を吊り下げた格好の花をつぎつぎ咲かす。平凡な花だが、馴染み深い草花である。

至るところの庭や路地裏のわきにさりげなく咲いている。「鳳仙花・鳳仙花／いのちのかぎり街の隅」と唄う島倉千代子の歌声が情感をそそる。

原産地はインド、マレー半島、インドネシア。日本への渡来は中国からで、『尺素往来《せきそおうらい》』（一四八九）には、庭植えの秋花として記載しているので、約五〇〇年ほど前には既に渡来していた。

ホウセンカは漢名の音読み。中国では、花の形が伝説の鳥の鳳凰《ほうおう》に似ていることから名付けられたらしい。金鳳花の別名もある。

昔はこの花を摘んで爪を染めた。女の子のマニキュア遊びである。紅色の花の汁に、カタバミの葉の汁を混ぜて爪に塗る。二、三度塗って寝ると翌朝にはほんのりと赤く染まる。初恋の色である。

江戸時代、深窓の女性は、花汁を煮つめて保存し、ぬるま湯で溶いて爪を染めたという。今どきの、エナメルやラッカーとは大違い。

花汁のアントシアン色素がカタバミの葉に含まれるしゅう酸で赤くなる仕組み。明ばんでもよい。ツマベニ、ツマクレナイなどの古名はこれに由来する。中国では唐時代からあるのでこれを見倣ったのだろう。

F

「かわいい娘は、爪先染めたよ」と唄う加藤登紀子の「鳳仙花」は、朝鮮民衆の歌。アジア同朋の指は、鳳仙花で結ばれていたのである。

花色もいろいろ。赤、白、紫、桃、絞りと豊富。また花型に、一重咲きと八重咲きがある。八重咲きの方が豪華で見ごたえがある。育種が進み、大輪八重、六〇センチ以上になる高性種や三〇センチ以下の矮性種もあって、花壇や鉢植えも多彩。

果実は、黄味を帯びる頃に、そっと触れると、果皮が内側に強く巻き込んで裂開し、一〇粒ほどの種子を弾き飛ばす。そのくるりと巻き込んだ果皮の一つを指にはめて指輪にして遊んだ。草花玩具の想い出もだんだん遠のいていく。

「私に触れないで」・「忍耐しない」は鳳仙花の花言葉。

ホネヌキ（骨抜き）という別名もある。のどに魚の骨が刺さったら、鳳仙花の種子を数粒飲むと、骨が柔らかくなって抜けるという。魚を煮る際に種子を入れると骨が柔らかになる。中国では透骨草ともいう。骨によく染み透るという意味だろう。

現代の食生活は、「さしみ文化」の時代という。のどに小骨が突き刺さるような食事は少ないのである。骨弱の子供には、ホネヌキは無用となったのである。

栽培はいたって容易、一度作るとこぼれ種で発芽してくる。日陰では花つきが悪い。

ホオズキ

酸漿

夏の終わり、鈴成りになった真っ赤なホオズキの鉢植えが園芸店に並んでいた。懐かしい植物である。

昔は、お盆にはなくてはならぬ植物であって、墓参りや仏前に枝付きの果実を供える風習があった。赤い袋の空洞の中に、あの世に行った霊魂が還って宿るものと信じたのであった。

ホオズキはまた、子供らの懐かしい玩具。広い地域で遊ばれてきた。空《から》にした果実を、口に含んで吹き鳴らす。昔の女の子は上手に鳴らしたものだ。

赤い袋の中から、紅熟したサンゴ玉のような果実をとり出し、指に挟んで気長に揉みほぐす。これに小さい穴を開けて果汁を搾り出して、口に含んで吹く。

吹き鳴らすのにコツがいる。舌の上を転がせて膨らませ、上下の唇でぐっと押さえてギュウーと吹く。

一昔ほど前には、ウミホオズキ（ナガニシの卵のう）を鳴らす遊びがあったが、この方も見られなくなってしまった。

貝原益軒の『花譜』（一八九八）には、「好んで口中にふくみならす。或はふきあげて、たはむれとす」とある。ホオズキ遊びは昔からあったようだ。

ホオズキの〝吹き上げ玉〟は、筆軸ほどの女竹の先を割り広げここに果実を載せて吹き上げる遊び

C

である。さらに、ホオズキ人形を作る遊びもあった。それもこれも、忘却の彼方へと消え去った。ホオズキにあやかった〝赤提灯〟は大人たちの遊び場。赤色の丸い小さい提灯をホオズキ提灯ともいう。商店街の売出しや提灯行列にも登場する。

東京浅草観音のホオズキ市は七月一〇日。この日参詣すると四万六〇〇〇日参詣したと同じ功徳があるというので人出は多い。

ホオズキは日本原産の宿根草。丹波ホオズキは改良された園芸種である。一方、鈴成りになった鉢植えの種類は、熱帯アメリカ原産の一年草で、センナリホオズキという。近年はこの種類が多い。

欧米には、実を食べる食用ホオズキが作られている。生食、砂糖漬けで食べる。甘酸相半ばの珍味。

漢字では、「酸漿、鬼灯、頬付、燈籠草」など。酸漿とは、水分多く酸味があること。鬼灯は、鬼がもっている灯のことか。頬付（突）とは、口に含みて鳴らす故に、とある。ホオズキの「ホオ」は、ホオと称するカメムシがよくつくからという説もある。

古名を、カガチ、アカカガチという。カガチは〝輝く血〟の意で、アカカガチは、カガチを強調したもの。古事記には、「やまたの大蛇《おろち》」の目をホオズキに例えて、アカカガチといっている。

謡曲の『大蛇』の一節、「眼はさながら赤加賀智の光を放ち、角をふりたてさも恐ろしき勢なれども――」とある。赤提灯から出てくる目は、まさにアカカガチであった。

ホトトギス

杜鵑草

野鳥のホトトギスとは直接の関係はないが、白地に紫の斑点を散りばめたその花色が、ホトトギスの胸毛の模様に似ているところからついた名である。

一方、英名はトード・リリー。トードは「ひき蛙」、リリーは百合だから、「ひき蛙百合」となる。花被の基部に瘤状の膨らみがあって、その上、花の色合いが「ひき蛙」に似ることからついたという。感性の違いとはいえ、大和心の例えとは、あまりにも距離があり過ぎる。

また、漢名を「油点草《ユテンソウ》」という。若葉の頃、葉に油の染みたような黒斑が出るところから名付けられた。生長すると斑点は消える。

民族によって目のつけどころがこれだけ違っているのも面白い。鳥のホトトギス（杜鵑、郭公、時鳥）とまぎらわしいので、杜鵑草、郭公草、時鳥草と書いて区別するがホトトギスソウとは読まぬ。

ホトトギスは、ユリ科ホトトギス属の宿娘草で、主に関東以西、四国、九州の山地の比較的湿気の多い日陰地に生える。東アジアを中心に約二〇種があり、そのうちの一二種が日本に野生している。

ホトトギスは広義では、ホトトギスの仲間を総称した名前であり、狭義では野生の一種を指す。そのホトトギスは、華やかさはないが、侘び、寂を秘めた心憎いばかりの渋さは、秋野を飾る山草として広く関心を集め、庭植や鉢栽培として観賞されてきた。

ホトトギス類の仲間は、花色や草姿の状態によって三つのグループに分けられている。すなわち、

C

ホトトギス斑のあるグループ、黄色の花が直立した茎に咲くグループ、黄色の花が垂れ下がった茎に咲くグループの三群である。

先ず、ホトトギス斑のあるグループでは、右に述べたホトトギスが代表種。小さいユリ状の花を上向きに開く。特にめしべの先端が三つに分かれ、さらにそれぞれが二分して錨のように反り返った格好になる。めしべにも紫斑があるので、花全体が紫に見える。

次の黄色の花が直立した茎に咲くグループでは、キバナホトトギス、タマガワホトトギスが代表種。花は鮮黄色で上向きに咲く。タマガワホトトギスの命名者牧野博士によると、「本種の花の色をヤマブキの色に見立て、このヤマブキの古い名所として有名な京都府井手の玉川の文字を借りて黄花の意味を表現した」とある。

最後のグループは、黄色の花が垂れ下がった茎に咲く種類で、代表はジョウロウホトトギス。黄色鐘形花をうつむきに開く。いかにも上品で、気品のある姿を、宮中に奉仕する女官になぞらえて上臈の名を与えたという。この仲間はごく限られた山地に、美しい花を咲かせており、根こそぎ持ち帰ったりすることは厳に慎みたい。

ミズヒキ

水引草

何年か前に知人からもらったミズヒキ（水引草）が庭中に広がっていたので、以前手当り次第に引き抜いておいたのに、今年も夏草の中に、さりげなくつんと立っている。やっぱり野草は強い。

自然と共に生活してきた日本人は、季節の訪れを花によって知ることができる。ところが、夏から秋への移り目は甚だ微妙で、夏の中に秋がうずくまっていて、花を見て、はっと「秋」を知らされる。ミズヒキは、そんな秋草の一つだ。

暑さがほんの少し、盛りを過ぎる頃から晩秋まで、山野、路傍などに生えるタデ科の多年草。一方、昔から茶席の花として、庭先に植えられることも多かった。

「花は野にあるように」とは利休の教えと聞くが、一見なんでもない地味な草だが、繊細、枯淡の姿。静かな美しさに風流人の心は惹かれるのであろう。

卵形の大きな葉から、枝分かれした細長い針金のような花穂が伸び、ゴマ粒ほどの赤い小花が疎《まば》らにつく。「水引の耳掻ほどの花弁かな」の句もあるほど小さい。まさに造化の神の手技《てわざ》に驚畏《きょうい》を抱《いだ》く。

花には花弁はなく、ガク片が四枚重なったもの。上側の三枚が紅、下側の一枚が淡白で、紅白の水引に例えた。この他、全体が白色のものをギン（銀）ミズヒキ、紅、白の交じったものをゴショ（御所）ミズヒキと呼んでいる。

漢名は「金線草《キンセンソウ》・毛蓼《ケタデ》」。花穂が細長い金の針金を表わした名前。和名「水引草」の名付け親は、貝

E

原益軒の『大和本草』（一七〇九）が初め。彼は、キンミズヒキ（イバラ科の種）に水引草の名を当てている。

一方、寺島良安の『和漢三才図絵』（一七一三）には、「この草の穂茎が、物を括《くく》る水引に似る」ことから付いた名としている。漢名にしても和名にしても、花のイメージにふさわしい名前で、その命名の巧みさに敬服させられる。

さて水引は、紙のこよりに糊《のり》を引いて乾かして固め、数本を合わせて中央から色を染め分けたもの。吉凶の贈答用の上包みに欠かせない。水引の使用作法は難しい。一応左を上位、右を下位に結ぶ。紅白水引は白を左、赤を右にするといった定めがあるらしい。それこそ、いざというときは、冠婚葬祭入門書を慌《あわ》てて開く人が多い。

水引の由来について、『話の大辞典』には、「神仏の供養や人に物を贈る時、水を添えるインドの風習の代用として、金と銀の水引を添えたところから出た」とある。

古い時代、女性が髪を束ねるとき、糸、こより、麻縄で、寛文（一六六三〜一六七二）の頃から水引を用いた。しかし農民はわらが普通だった。お相撲さんや武士の元結《もとゆい》も水引。

晩秋の頃、果実の先に鉤《かぎ》状の二本が突き出ていて、他物に付着して散布する。それは、めしべの残骸《がい》で、受精と二度目のお役である。

ミョウガ

茗荷

その季節でないとまだまだ食べられないものがある。果物ではイチジク、野菜ではミョウガ。ミョウガは夏の代表的香辛野菜。独特の香気とほのかな辛味が食欲をそそる。日本人だけしか食べぬ国粋派珍味。そうめん、冷やむぎ、吸い物、刺身の妻として香りを食べる和食専科。だが近頃、レタス、キュウリの生野菜のサラダに混ぜたり、輪切りしたトマトに載せて食べる新手《あら》に人気が出ているという。

原産は熱帯アジア。ショウガ科の多年生宿根草で、日陰を好み、竹やぶや人里近くの山林の下などに野生化している。

昔、木地師が生活していた山間渓流沿いなどに野生があるのは、彼らが寝冷え、夜尿症、健胃の薬用に食べていた名残だという。平安の頃中国から入ったが、中国では今も薬用にするだけ。

若い茎を軟白した「茗荷竹」が初夏に出回る。アユの塩焼きや日本料理に添えてある。その形が篠竹の筍に似ることから付いた名。京都桃山では、元禄の頃既に、温かいわき水利用の軟化早出し栽培が行われていたらしい。

赤紫色の苞葉に包まれた「花ミョウガ」が夏と秋に食べられる。紡錘形の膨らんだ中には、花が一〇個位入っている。花が咲くと香りは落ちる。地際のところから出るので「ミョウガの子」とも呼んでいる。

薄く切り、さっと水流いして使う。捨て難い風味がある。

茗荷汁ほろりと苦し風の暮　日野草城

日本最初の漢和辞書『和名抄』に「米賀《メガ》」と出る。「米《メ》」は芽、「賀《ガ》」は赤紫の意で、萌芽のとき芽が赤紫になっている様子から出た。メガ↓メカ↓メウカ↓ミョウガに転訛したとの説である。

漢名は、「蘘荷《ジョウカ》」。茗荷の字は当て字。〝冥加〟に通じ縁起がよいので家紋にした大名、旗本が七〇余家もある。財閥住友家、壮烈な自決をした三島由紀夫も〝抱き茗荷〟の家紋であった。

――ミョウガを食べると物忘れする――。

落語の『茗荷宿』はその秀逸。泊まり客から預かった膨れた胴巻きを、忘れさせたい一念から茗荷責めしたのに、客が忘れたのは宿銭だったという笑い話。税務署にどっさり届けても効果はないのだ。

「茗荷食うて試験を受ける豪の者」。茗荷の字は、「名札を荷う」という意味の当て字とか。

A

釈尊の弟子に周梨槃特《しゅうりはんとく》という酷《ひど》い健忘症がいた。釈尊は不びんに思われ首から名札を掛けさせたがそれすら忘れ、大悟往生して埋められた墓所に生えた草に、人々は彼を偲《しの》んで茗荷の名を付けた話。

葉にもかすかな香りがあり、団子や白身の魚を包んで蒸すと風味が出る。また葉は丈夫で、陰干しして草履を作ったり、馬の沓《くつ》にした。俗に「千里沓《くつ》」と称し、千里の道のりにも耐えるといわれた。

ムクゲ

木槿

暦の上では秋だが、まだまだ盛夏。そんな中にも暑さにめげず咲き続けているのがムクゲの花。夏の花がひとわたり済んで、秋の花々が出を待っている、その幕間を埋めてくれるのがムクゲ。ムクゲは夏を秋に渡してくれる役目の花といってよい。

花は早朝開き夕刻にはしぼむ一日花。「朝開暮落花《ちょうかいぼらくか》」といったり、そのはかなさを、「槿花一朝《きんかいっちょう》の栄（夢）」と呼んだりもする。

「道のべの木槿は馬に喰はれけり」は、有名な芭蕉の馬上吟。一瞬の生と死の入れ代りを嘆じたのか。一日花といわれるが実際は三日位で落ちる。木全体は次々咲くので花期は長い。

花は端正な鐘形花。花色も、白・紫・桃・紅・絞りと多彩。花型も、一重・八重・半八重があり、近年品種改良が進み品種数も豊富になった。鉢向きの矮性種もある。

とかく凡俗の花と見られ易いムクゲだが、「炉《ろ》にはツバキ風炉《ふろ》にはムクゲ」の例えもある通り、茶花として、冬はツバキ、夏はムクゲが代表花として扱われている。

中でも「宗旦ムクゲ」は秀逸。千利久の孫宗旦の名をとどめるこの花は江戸時代に出現。白に鮮やかな底紅の化粧は、清純、明澄《めいちょう》な気品と、はかない命の美しさを感じさせ、無常を生きる茶人の心を捉《とら》える花といえそうだ。

ムクゲの呼び名には、漢名「木槿」のモクキンから↓モクキ↓モクゲ↓ムクゲに転訛したとの説。

G

また、朝鮮語の「ムグンファ」から→ムキュウゲ→ムクゲになったとの説も。「無窮花」は韓国の国華。韓国では永久の花と見立て、暑さにも負けぬ力強さの花と見た。

一方、「朝鮮」の名は、朝に鮮やかなムクゲが咲く国、に由来して付けた名というが、これはこじつけだろう。

日本では古くは「朝貌《アサガオ》」（奈良時代の秋の七草の一種）と呼んだが、その「朝貌」は今日ではキキョウのこと。

ムクゲの名は、室町期の『下学集』（一四四四）に、「木槿」にムクゲの名を付けている。また別名に、ハチス、キハチス、モクゲ、ユウカゲグサなどの呼び名もある。花の形が蜂の巣に似ることからハチス、ハスの古名ハチスとの混同を避けるため木を冠したキハチスなど。

アオイ科フヨウ属の落葉低木で原産地は中国南部というが不詳。日本へは平安の頃、中国か韓国経由で渡来。生け垣、庭木として植栽、茶花として愛用されてきた。

山口県阿武郡の阿武川沿い、和歌山県熊野川沿い、伊豆下田などに野生化した群落がある。

観賞以外に、薬や工芸目的に利用栽培されている。「木槿花」は白花つぼみを乾かした生薬名で整腸薬。樹皮の繊維は製紙原料補助剤。枝は細くしなやかで、各種の細工材。葉は食用やムクゲ茶など多目的に活用されている。

ムクロジ

無患子

『正月』幼稚園唱歌（明治三四年四月）　東くめ作詞　滝廉太郎作曲

歌詞は次の通り。

一、略

二、もういくつねるとお正月　お正月には　まりついて
　おいばねついて　遊びましょう　はやくこいこい　お正月

もう遠い遠い追憶の唄になってしまった。キリの羽子板《はごいた》に力チンカチンと弾《はじ》け返る羽根《はね》つきの音。それは、女の子の正月の代表的な遊びだったのに――。

その羽根は、ムクロジという植物の子実《たね》で作ってあることは案外知られていない。黒い子実に穴を穿《うが》ち鳥や山鳥の毛を、赤・青に染め四つ五つ刺し込んだものだった。

唄にある「おいばね」とは、二人でつき合って遊ぶ方法。また一人つきを「あげばね」と呼ぶ。どちらも数え唄に合わせて突いた。

「一つ、二つ、三つ……」とか、「ひとめ、ふため、みあかし、嫁御《よめご》、いつやの武蔵《むさし》、ななやの薬師《やくし》、ここのや十《とお》や」と唄って突く。

　羽子《はね》ついて　須磨の古町　にぎやかに　播水

近頃は、上村松園の美人絵や歌舞伎《き》俳優の舞台姿の極彩色西陣別織の押絵を貼った高級品が〝飾り物〟として人気を博している。

羽子板は、古くは「胡鬼板《こぎいた》」、羽根を「胡鬼《こぎ》の子」と呼び、平安から鎌倉にかけて、正月の「胡鬼の子遊び」という厄払い行事が羽根つきの原型であったようだ。「胡鬼の子」とは、子供の病気をもたらす蚊を食う蜻蛉《トンボ》に似せた呪物《じゅぶつ》で、蜻蛉の頭になぞらえて蚊をおどし捕《と》る呪《まじな》い遊具だった。

さて和名ムクロジは、漢名「無患子、木患樹」の字音に由来。一般には馴染《な》みの少ない樹であるが、本州中部以西、四国、九州、沖縄の山地に自主する落葉高木。神社や寺院、庭木としても植栽がある。葉は硬質の羽状複葉、初夏のころ枝先に三〇センチ位の円錐花序を抽出し、多数の雌花と雄花の小花が混ざって咲く。秋に径二センチほどの果実ができ、果肉の中に、堅くて黒い一個の子実がある。これが羽子板の羽根や数珠玉に使われる。

G

この果肉には、サポニンと称する成分が多量に含まれており、水中で揉むと石けん状の泡を生じるので、昔は、洗濯や洗髪に使われていた。また果肉を乾燥した生薬《しょうやく》名を「延命皮《えんめいび》」と称し、石けんの代用品として売られていた。

ムクロジの属名「サピンドゥス」は、ラテン語の「石けんとインド」を表す意味で、インドでは果肉を洗濯に使っていたことに由来する。

子実から搾った油は、止血、解熱、咳止めなどの薬用にしたり、また宇都宮貞子著の『草木ノート』には、信州では「お歯黒」の染料を洗うのに用いたとの記載もある。

モクセイ

木犀

気にも止めなかったモクセイが、ある日突然、強い香りを放つ。そんな木である。思わず顔を近づけ、改めて存在を確認するといった具合である。甘い香りが消え去ると晩秋である。

春のウメにジンチョウゲ、秋のモクセイは、季節の感覚を代弁する花木といえる。草花ほどの華やかさはないが、﨟《ろう》たけた婦人のほほえみを思わせる。

香りの好みは、民族や性別で異なるものといわれるが、ジンチョウゲやモクセイは東洋人好みである。西洋では、男はジャスミン、女はバラが両横綱だという。

食膳のマツタケは、今や高嶺の花。庭のモクセイが秋の香りを届けてくれる。住いの中にとり入れた先人の卓見が偲ばれる。

モクセイは、漢名の「木犀《モクセイ》」からで、木の肌が動物の犀に似ることに由来する。しかし中国では、モクセイは「桂」で、桂花、厳桂とも称している。日本では桂は、カツラである。

中国原産で、渡来の歴史は比較的新しい。九州地方に自生しているとの説もあるが明らかでない。中国では、「七里香」の別名があり、〝香聞十里間〟の例えもあるように、強い香りが遠くまでおよぶということから名付けられた。

また、香りを茶に移して飲む風習は今も盛ん。「桂花茶」は、モクセイの花を乾かした花茶である。「桂花の酒」は、その香りを酒に入れたもの。

B

人生とは〝味覚との出会い〟というのなら、一度は試してみたいもの。『花実の酒』なる書物を見ると、キンモクセイの花三〇〇グラムを布袋に入れ、これに、レモン五個を輪切りにして、砂糖二〇〇グラム、ホワイトリカー一・八リットルを混ぜて仕込む。一か月で飲めるが、香り、酸味、甘味が一体となるのに三か月かかるとある。

モクセイには四種類がある。普通にいうモクセイとは、ギンモクセイ（銀桂）のことで、白花で香りは浅い。

キンモクセイ（丹桂）は橙黄色の花を密につけ、香りは強烈。前記の花茶などはこの種類である。さて両種とも、中国から雄株だけしか渡来してこなかったので未だに独身。そのため、花は咲けども実ができないのである。

一方、ウスギモクセイは黄白色の花で、春と秋に咲く。その上、雌株もあって紫黒色の実をつける幸せものだが、人気はもう一つ。

ヒイラギモクセイは、ヒイラギとモクセイの種間雑種。枝、葉とも大形だが香りは少ない。

モクセイは、空気が澄んでいないと咲かぬ。近頃めっきり、モクセイの香りが聞けなくなったが、排気ガスに敏感に反応した結果だろう。もともと実のないモクセイが、「花も実も」なくなるとは、文化国家とは罪なものだ。

ワレモコウ
吾木香

「吾木香すすきかるかや秋草の　さびしききはみ君におくらむ」。若山牧水が放浪時代信濃で詠んだものという。

高原の秋は早い。深まる秋、寂しさを漂わせて立つ秋草の中に、きりきりしゃんとしたワレモコウに一入寂蓼感を覚えたのだろう。

バラ科の多年草。各地の山野に自生、重く沈んで見える渋い〝えびちゃ色〟の花は、心憎いほど秋空に映える。

草丈約一メートル前後。茎上方は細い枝を広げ、その先に二センチほどの団子状の花穂をつける地味な花だが捨て難い雅趣がある。

この花、花弁は無く、暗紫紅色のガクだけの小花が集まって団子状になっている。小花は上の方から下へと咲き進み、咲き終わると黒い果実の塊が枝先に残る。

ワレモコウの呼び名に、「吾木香・我毛香・割木瓜・吾亦紅」などの字を当てる。別名にダンゴバナ・ボワズバナ・地楡《ジユ》など。

漢名は「地楡《ジユ》」。楡はニレ、葉がニレに似ることからついた名。

「吾木香」の名は、中国に香りのある木香と呼ぶキク科植物があって、これに対し、日本産を、われ（日本）の木香→ワレモコウになったという説。「割木瓜《ワレモコウ》」説もある。果実に縦の稜（割れ目）をもつが、それが木瓜《モコウ》の形をしていることから割木瓜になったとする説。

さて木瓜とは、「帽額《もこう》」のことで、神社などの御簾《みす》の上部を横に幕のように覆った布のことで、現在は水引き幕が多くなっている。

「吾亦紅」と書くことも多い。〝吾もまた紅〟の心意気を宣言した言葉と受けとれよう。花弁を棄てた花らしからぬ花であっても、吾もまた紅の花だというのである。自己主張する強い個性が垣間見られるようである。

吾木香　さし出て花の　つもりかな　一茶

一茶のそれは、らしからぬ花をいとおしむ心情がにじみ出ている。

ワレモコウの名が初めて出るのは『源氏物語』(匂宮《におうのみや》)。「老を忘れる菊、衰へて行く藤袴、見ばえのしない吾木香などを、すっかり色香が褪せてしまふ霜枯れの頃までも珍重なさると云ふ風に、殊更めかしく、匂を愛でると云ふことを主《しゅ》にしてお好みになります。云々」とある。

「吾木香天人」という変な例えがある。天人は雲の上に住むが、実力もないのに雲に乗って結構な思いをしている人を風刺を込めて比ゆした言葉。

それは、高く伸びた花茎上方のかぼそい枝先に、団子状の花穂をつける草姿は、一見もろそうな感じがする。先人の炯眼《けいがん》と警句に敬服する。

根の煎汁は下痢止めや止血剤。厳寒期の青物不足の折、若葉をゆでて食べた時代もあったという。

C

冬

イチョウ

銀杏

金色の小さき鳥の形して　銀杏ちるなり夕日の岡に　晶子

天に向かって伸びたイチョウの巨木から、美しく冴えた黄金色の葉が、ひらひらと舞い落ちる。散り敷かれた葉は、木枯らしと共に、黄金色のじゅうたんとなって一面を覆いつくしてしまう。裸になった円錐形の樹冠は、さっぱりと荘厳な感じで一年をしめくくる。「花言葉」も、「荘厳、静寂、長寿、鎮魂」。

中国原産というが野生地は確かでない。「生きている化石植物」といわれるが、イチョウ科の仲間はすべて化石で、イチョウだけが現存している。二億年の生存競争に打ち勝って生き残った植物である。古くから日本に渡来。各地に天然記念物級の巨樹、老樹が多い。日本最大は、岩手県九戸町長泉寺にある。地上一・五メートルで幹回り一四メートル、大人一五、六人でやっと取り巻ける。

種々の伝説をもった木でもある。承久の昔、鎌倉幕府第三代将軍源実朝が鶴岡八幡宮で、兄頼家の子公暁《くぎょう》に刺されたが、彼は大イチョウに隠れていたというから相当な巨木であったのだろう。

「首かけイチョウ」は有名な実話である。日比谷公園わきのイチョウで、明治の半ば、時の文部大臣星亨が邪魔になるから切れといったのを、林学者の東大教授本多静六博士が、首をかけて移植に成功したことからつけられた。生命力の強い木で、相当の大木でも移植できることを証明した。

以来、東京はイチョウの都といわれるほど並木が多い。明治神宮外苑、赤門から入った構内など。大阪の府木もイチョウ。御堂筋、中之島から難波までの並木は見事。季節感に乏しい大都会には、春の緑、秋の黄葉が、ビルの林立とよく調和するのであろう。

イチョウには、雌木と雄木があるが、外観から区別できぬ。雌木に銀杏《ぎんなん》の実がつく。五月頃、雄木からたくさんの花粉が飛び出し雌花につく。発芽した花粉が変形して精子となり九月頃に受精、一〇月から一一月にかけて成熟、熟れると悪臭を出す。

イチョウの精子を発見したのは平瀬作五郎で明治二九年のことで、そのイチョウは、小石川植物園に現存している。

ソテツの精子は、池野成一郎の発見で、共に画期的大発見として学界に大きく貢献した。

銀杏の実は茶わん蒸し、焼いて食べるなど。火鉢を囲んで食べた昔が懐かしい。

「銀杏」の字は、白色（銀）で小さい杏（アンズ）に似ることからつけられた。「公孫樹」とも書くが、公《チチ》が植えて孫になって実を食べる樹の意味。

普通二〇年位で実がつくので、播いた当人でも十分食べられる。

紙魚《しみ》よけに挟んだしおりが落ちたりすると、前の持ち主が偲ばれる。

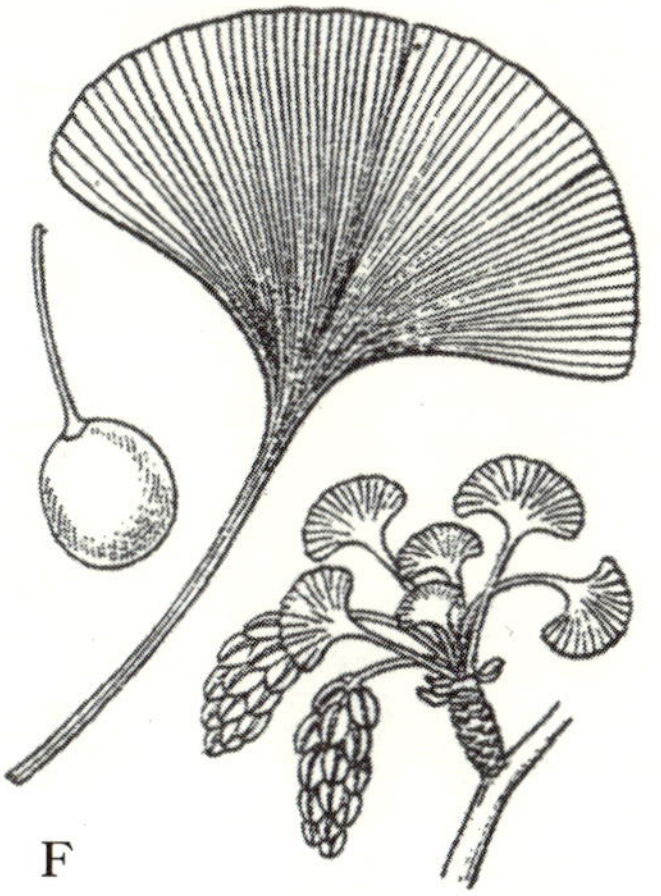

F

ウメモドキ

梅擬

侘びしい冬がかけ足でやってくる。木々の紅葉もすっかり散り果て、一段と冷え込んだ殺風景な庭に、ウメモドキのつぶらな紅い実がサンゴの如く美しい。

冬は木の実の美しい季節。花はなくても冬の寂しさを忘れさせてくれる。細い小枝に群がりつく果実と枝振りには雅味があり、いけ花の重要な花材でもある。

白い実をつけるシロミノウメモドキとの組み合わせは、「紅・白の梅」にも似て、おめでたいお正月飾りである。庭木、鉢植えはもとより、コショウバイ（小生梅、胡椒梅）と称する超小形の種類は小品盆栽向きとして愛培している。

モチノキ科の暖地性落葉低木。本州以南のやや湿り気のある林内に自生。中国にもある。

雌木と雄木が別々で、雌木の花に実ができる。当然隣りに雄木がないと実はつかない。花は六月頃、葉腋に淡紫色の小花が群がって咲く。貧弱で目立たない。「ウメモドキ或人に花を問はれたり」の句もあるほどで、花を知る人は少ないが秋になると俄然真価を発揮する。

ウメモドキの名は、葉がウメの葉に似ることから出たという。

梅の木に見せびらかすや梅もどき　　一茶

G

漢字では、「梅擬《ウメモドキ》、梅嫌木《ウメモドキ》」。「もどき」とは、似て非なるもの。まがい物の意。「雁もどき」は雁の肉に似せたもの。漢名は、「落霜紅《ラクソウコウ》」。この植物にふさわしい呼び名。緑色の果実が晩秋には紅く色づき、落葉後も枝いっぱいに残り、寒さが加わると一層鮮明に冴えてくる。霜をかぶった朱玉が朝日に照り輝く姿を彷彿させる。花言葉は「明朗」。

鵯《ひよどり》のうたた来鳴くや梅もどき　蕪村

ヒヨドリの格好の餌。各地に運ばれて繁殖する。栽培するときは、果肉を水洗いして、湿った川砂と混ぜて冬越して春に播く。あるいは、三月か六月に雌木の枝を挿木する。この方が実をつけるのが確実。

果実が黄のキミノウメモドキ、白のシロミノウメモドキは珍しいというだけで美しさは劣る。また、ミヤマウメモドキは日本海側に、果実の大きいオオミウメモドキなどの品種もある。ウメモドキの葉には表裏とも毛があるが、毛のないイヌウメモドキと称する変種がある。西日本に多く、市場ではウメモドキとこみで扱っている。本物より劣る。

植物の名前には「イヌ」のついたものが多くある。広辞苑を見ると、「或る語に冠して似て非なるもの、劣る意、または卑しめ軽んじる意を表わす。犬死、犬侍」とある。サンショウに対し香気の劣るイヌザンショウもその一つ。

つる性でウメモドキのような実をつけるツルウメモドキは別種。他物に巻きついて生育、花材に愛用され、漢名も「蔓落霜紅《マンラクソウコウ》」。

ウラジロ

裏白

お正月にはなにもかもがめでたい。年の瀬が近づくと、松・竹・梅をはじめ、ダイダイ、ウラジロなど馴染み深い縁起植物が飛ぶように売れている。

ウラジロは古くからの吉祥植物の一つで、正月飾りには欠かせぬ植物である。三方に載せるお供え餅の下敷きにしたり、シメ縄に輪飾りにしてダイダイと共に結びつけて玄関につける。

ウラジロ科の常緑のシダで、北海道を除く全国各地に分布。日当たりのよい乾燥地に多い。アカマツの疎林の明るいところに群生、大群落を呈するので林業の妨げになる一種の害草でもある。

ウラジロの名は「裏白」で、葉裏は分泌された蝋物質で白いことからつけられた名。昔はシダといえばウラジロを指した。シダの名は「したたる」の意で、葉が長大で垂れ下がる意味をいった。

今日は、シダといえばシダ類の総称の名で、漢名は「羊歯《ヨウシ》」。クシの歯状に深裂している様を羊の歯並びになぞらえたものらしい。日本では、シダに「歯朶」の字を当てた。歯朶は古くはウラジロのことで、歯は長生きを表す齢のこと。朶は枝で、シダのように子孫が永く栄えるとの意味。長寿長命のめでたい植物である。

また別名「ホナガ」、「モロムキ」などがある。ホナガは穂長の意で、葉が長大であること。モロムキは諸向きで、小葉が相向かう様をいったもので、夫婦がさし向かい仲睦み合う様子で、縁起のよい名前である。

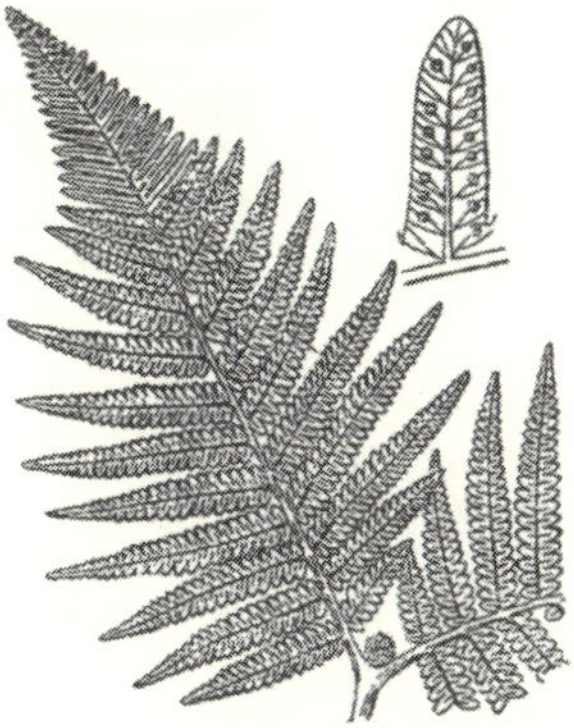

F

ウラジロの生長が変わっている。葉柄の上端から二つに分かれて小葉が展開する。つまり、先端が二股に分岐して、左右に葉がつく格好になり、毎年一段ずつ重なり、高さ二メートルになるものもある。

左右相称は夫婦和合の様であり、葉裏の白は、共に白髪になるまでとする縁起もの。花言葉も「永遠の契り」である。

また葉柄は針金のように堅く、茶色で光沢があるので箸にしたり、菓子器やお盆などのシダ細工の好材料になる。根茎は鉛筆大で地下に横走、この地下茎の節から地上に葉を出す。丈夫な植物である。

一方、正月飾りにする理由に別の意味もあるようである。日本の年中行事には不思議なほど花が行事にとり入れられている。花といっても今日いう花とは別で、門松もウラジロも花であった。

門松は先祖の霊を招きよせる依代《よりしろ》（目印）であり、ウラジロは群がって生えているところに先祖の霊魂が宿っていると信じ、その葉を折って御精霊様をお迎えしてオセチ料理をお供えする行事であった。悪魔を払う霊力を信じた。

そして、戦国武将のカブトの前立《まえだて》にウラジロの形を鉄で作って取りつける。NHKの徳川家康のカブトの前立はウラジロであった。

サザンカ

山茶花

冬枯れの庭にサザンカが咲く。花の少ない冬の季節に、凛とした気品の花を咲かせる。ツバキ属の常緑樹で、庭木として広く親しまれており、ことに、茶室の庭には欠かせぬ花木である。サザンカは、れっきとした日本特産の植物。四国、九州、沖縄などの暖地の山中に自生。その北限は、山口県萩市指月山付近という。

原種は純白一重。華やかさはないが、清らかで、すがすがしい。一花の寿命は短く、寒風に追いたてられるようにして、はらはらと散る。

各地の寺院や旧家などに、樹齢三、四〇〇年ともいう古木がある。洛北京都の詩仙堂のサザンカは著名。散り敷く純白のサザンカに、武士を棄てた石川丈山の隠棲が偲ばれる。

サザンカの仲間の、ヤブツバキやユキツバキも、共に日本の特産。ヤブツバキは太平洋側の暖地帯に、ユキツバキは日本海側の積雪地帯に自生。これらツバキ属のご三家は、見事な住み分け分布をしているのである。

サザンカの学名は「カメルリア　ササンクワ　ツンベルグ」で、カメルリアはツバキ属。ササンクワは和名のサザンカ。ツンベルグはスウェーデン人で命名者。

ツンベルグは、長崎出島のオランダ商館付き医師として来日、僅か二年足らずの滞在であったが、日本文化に鋭い観察を残した。

長崎出島は、鎖国日本に入国できる唯一の場所で、西欧文化輸入の窓口であった。彼は、長崎付近の植物を集めたり、また、商館長に随行して江戸に参府する道みちで採集した植物をオランダに送り、帰国後分類して命名した。

『日本植物誌』(一七八四)には、七六八種の名をあげており、学名を与えたものも多い。ソテツ、サザンカ、カキ、アオキなどは、和名そのままが学名となっている。

『ツンベルグ日本紀行』(一七九六)も、帰国後に書いた旅行記だが、サザンカについては、「長崎附近にかなり豊富にある。葉および花から見て、これは茶の樹によく似ている云々」と書いている。

さて、サザンカが文献に出るのは意外と遅い。『立華正道集』(一六八四)が初め。観賞では、『芭蕉七部集』の『冬の日』(一六八六)に、「山茶花匂う笠のこがらし　うりつ」が初めらしい。

B

ツバキが古事記に出るのに比べると遥かに遅い。理由は定かでないが、南国の山中にあったためか、ツバキに押されたためか、いずれにしても、古代の人の目に映らなかったのであろうか。

現在は、三〇〇種以上の園芸品種が作出され、見違えるほど多彩となった。さらに今日、ツバキ属植物は世界的ブームを迎えている。二世紀前に渡った日本のサザンカも、真価を発揮することだろう。

ジャノヒゲ

蛇の髭

ユリ科の常緑多年草で、各地の丘陵、低山の疎林、草地に自生。直射日光より、日陰、半日陰を好む丈夫な植物で、和風、洋風に向く地被植物として、また花壇の縁取り、斜面の土止め、雨垂れ受けなどと広く利用されている。

和名のジャノヒゲ（蛇《じゃ》の髭《ひげ》）は株元から叢生する細長い暗緑色の葉状が蛇の髭に似るとのことらしい。が、はてさて、蛇に髭があったのか。蛇には足がないのに、足を描き加えたため懸賞の酒を飲み損《そこ》なった「蛇足」の故事もあるが。

別称リュウノヒゲ（竜の髭）と呼ぶ。竜なら長い髭が一対描かれている。蛇が竜に出世したとしても、髭の毛の数が密生していない。

さて、諸国の方言集『物類称呼』（一七七五）の「麦門冬《ばくもんとう》」に、「ぜうがひげ、関西及四国共に、ぜうがひげと云東国にてりうのひげと云奥州にてたつのひげと云尾州にて蛇《じゃ》のひげといふ」と出ている。「麦門冬《ばくもんとう》」は生薬名で、中国産のジャノヒゲの塊根状の根を煎じ、咳を鎮め、解熱、利尿の薬。その麦門冬の名は、麦のような髭根を持ち、麦のように冬も青々していることに因む名。漢名は「麦門冬《ばくもんとう》」。

一方、前述の「ぜうがひげ」とは、「尉《じょう》が髭」のこと。「尉」は能の老翁面のことで多数の白い髭が生えている状態をジャノヒゲの葉の状態に似ていることから、「尉が髭」が「ジャノヒゲ」に転じたのではないかと言う説である。

近年、造園に、玉竜（別名「チャボリュウノヒゲ」と称し、葉は約五センチ位、分けつ力旺盛で地被に最適。また白の斑入りの白竜や黒竜〈オオバノジャノヒゲ〉）などの品種も多用されてきた。

初夏に群がった葉をかき分けると美しいコバルトブルーの実が見つかる。実はこれは果実ではなく種子で、果皮が薄いため成長途中で破れてしまい種子が露出したまま成熟するという変わりもの。

子供らはこの実を捜して、堅い地面に打ちつける〝はずみ玉〟といった遊びをする。

「龍《りゅう》の玉深く蔵すといふことを」は虚子の句である。

実りの秋は、子供らにとっては格好の遊び相手。草木の性質を巧みに利用した遊びがたくさんある。〝はずみ玉〟の外に、竹鉄砲の弾《たま》にしたり、〝吹き上げ玉〟と言って先端をラッパ状に割り広げた竹管に、ジャノヒゲやナンテンの実を乗せて吹き上げて遊ぶ。

中国の文人は、「書帯草」を盆栽仕立にして机上の飾り物にするらしい。

C

昭和三二年五月にＮＨＫで、「田植の方法改善」のラジオ放送の中で江戸後期の農村指導者として著名な大原幽学は、タライに土と水を張り水田に模し、ジャノヒゲを使つて田植の技《わざ》を練りに練って指導したという話しをしたことが、ふと懐かしく甦ってきた。

センリョウ・マンリョウ

千両・万両

庭は冬枯れ。ほとんどの植物が葉を振り落としている中で、葉はいよいよ濃く、つぶらな赤い実が一入美しく、じっと寒さに耐えている植物がある。

昔から、赤い実を大金に例えた縁起の良い植物があって、センリョウ、マンリョウという名前はもとより、ヤブコウジをジュウリョウ、カラタチバナをヒャクリョウと名付けたりしている。

庭の片隅や日陰に植えられているせいか、人目につきにくいが、落着いた可憐さがのぞいている。いずれも、正月飾りの寄せ植えや盆栽には欠かせぬものであって、欲の深い人は、アリドウシというアカネ科の植物と寄せ植えして「千両・万両有り通し」とやった。

千両箱とか千両役者といっても現在ではどれ位か解りにくいが、実の数によって、ジュウリョウからマンリョウまで値打ちをつけた。

さて、ジュウリョウのヤブコウジは、日本各地の山地や林床に群生する。藪《やぶ》陰にあるので「藪柑子」と書く。正月の縁起もので、小さな赤い実の茎を束ねて寄せ植えする。

古くはヤマタチバナと称し、『万葉集』には五首、『源氏物語』や『枕草子』にも出る。恥ずかしそうに紅の珠玉をいだいて生きる姿に、はかない想いを重ねたのであろう。

江戸時代は大いに改良され、多くの品種が作られた。明治中期に新潟県にヤブコウジ栽培の一大ブームが起こり、高値の売買を禁止する取締り規則が出されたりした。

G

江戸時代、元服の祝膳に、また成女式には櫛箱に入れて門出を祝ったと伝えられる縁起植物。カラタチバナを百両金ともいう。カラは「唐」で、前者のヤマタチバナに対して呼んだ。地味な植物で、茶庭のような庭にぴったり。

センリョウはセンリョウ科で、前者とは別の科。本州中部以南の山林の樹下に自生、果実は葉の上に十数粒がかたまってつく。

古書には、珊瑚、仙蓼の字を当てている。別名草サンゴという。センリョウの名は江戸時代からで、万両と対応してつけたらしい。

鉢植え、庭植えのほか切り花としての需要も多い。畑で覆いの下で作る。新春の花材である。茎は堅いが草本で、節の部分が太くなっている。

黄色のものをキミノセンリョウと呼び珍重している。果実に二つの黒い点がある。中心の黒点は、めしべの柱頭、横の小さい点は、おしべの痕跡。変わり物である。

最後はマンリョウ。マンリョウ科の王者。茎頂の葉の下に赤い実が房になって垂れ下がる。鳥が食べないと翌春まである。

古くは、万量、万竜と書いたが後になって万両になった。一番の値打ちもの。木洩れ日の当たる場所を好み、前の三種より強光に耐える。黄、白実の品種もある。

静かな寺庭の点景は一入。雪や苔の上の赤い実も風情がある。以上の四種を、古典園芸植物という。

チャ

茶

チャは世界を二分する代表的飲み物である。日本人は古くから茶を好み、言葉としても生活の中に染み込んでいる。

茶碗、茶の間、茶道、茶室をはじめ喫茶店、茶飲み友達、お茶を一服、茶目気からお茶のこさいさいなど日常茶飯事に使われる。

茶の原産地は、ヒマラヤ山系の温暖多雨地帯。インド、ラオス、ベトナムなどと国境を接する中国南部の雲南省南端が最も可能性が高いといわれる。標高五〇〇から一〇〇〇メートルの山間部にいろいろの野生種が混在しているらしい。

九州、四国の山間部にも野生チャがあり、佐賀県嬉野にある茶の巨木は国の天然記念物となっている。九州地方では山茶と称し、地方茶の名残をとどめているが、これらは、かつて中国から入ったものが野生化したものと考えられる。

チャは佐賀県の県花。暖地ではしばしば野生化するもので照葉樹林文化の栽培植物の代表的なもの。喫茶の初めは古い。おそらく遣唐使がもたらしたものらしい。一般的になるのは鎌倉時代以降であるが、茶が農村でも普通になるのは江戸期後半であった。

江戸時代、農民の生活をことこまかに規定した「慶安御触書」には、「大茶を飲み、物参り遊山好きする女房を離別すべし」という項目があった。

F

日本茶の由来は、栄西禅師がチャの種子を持ち帰り、佐賀県背振山の僧ゆかりの霊仙寺に播いたことにはじまる。

栄西は、南宋の禅を学ぶため中国に渡り、日本臨済宗を確立した。背振山系は佐賀平野から吹きよせる暖かい風で雨も多くチャの生育に適している。ここから明恵上人が京都栂尾に移し、さらに宇治に移されて宇治茶の起源になった。

栄西の『喫茶養生記』は、在宋中に体験した喫茶の効能を述べたもので、茶は疲労をいやし、精神をさわやかにする飲み物であった。

桃山時代、利休らによって茶道に高まり、精神構造にさまざまな影を落とす。明治期美術界の著名な指導者岡倉天心は『茶の本』を書き、茶道を通して日本の伝統精神を欧米に紹介した。茶は元来薬効植物であって、人々に知的興奮とやすらぎを与える嗜好品で、いわば「心に効く植物」といえるのである。

チャは常緑低木で葉は厚く濃緑で光沢がある。若葉が茂る頃、あかねだすきは見えないが、「夏も近づく八十八夜　野にも山にも若葉が茂る」と唄う「茶摘」が懐かしい。

淡い初冬の日差しを受けて咲くチャの花も清らかでつつましい。花弁は五枚の白、多数の黄色のおしべを包む。花は下向きに咲き清香がある。

白色は寂しい。そして短命である。そこがまた侘び茶の精神によくかなっているのだろうか。

ツワブキ

石蕗

晩秋から初冬の庭にツワブキが咲く。腎臓形の大きい葉の間から、太い花茎をすらりと伸ばし、黄金色の小菊のような花を散房状につける。

庭にツワブキが咲くと山は紅葉、ゆく秋の寂しさを一層強くする。植物友の会が制定した「新花ごよみ」では、ツワブキは一二月の花。季節の最後を彩るのがツワブキの花である。

ツワブキはキク科の耐寒性宿根草。日当たりの良い海岸の岩場や崖っぷちに野生する。荒涼たる冬の日本海、氷雨まじりの浪しぶきに立ち向かうようにして咲くツワブキの姿は感動的でさえある。

ツワブキは日本人好みの植物。冬でも枯れない艶やかな色彩、雅致に富む独特の葉など、和風の庭や石庭の根締めの下草によく似合う。

茶人の好みにも合うのだろう、寺庭や茶庭によく見かける。晩秋に見る花は、庭に静けさを添えてくれるし、禅味を宿すその姿に惹かれたに違いない。

庭植えの歴史も古い。日本最古の園芸書の『花壇綱目』(一六八一)に、「九月は、黄、植無時」と出ている。この頃既に庭に植えて観賞している。元来は日当たりを好むのだが、半日陰の方が却って葉は美しく茂る。完全陰地でもよく育つ丈夫な植物である。

近頃、切り花としての利用も増えてきたようで、花の少ない季節でもあり、その方面の改良が期待されている。なお、海岸性植物は、一般に都市環境にも強いので、公園や都市緑化の植え込み花材と

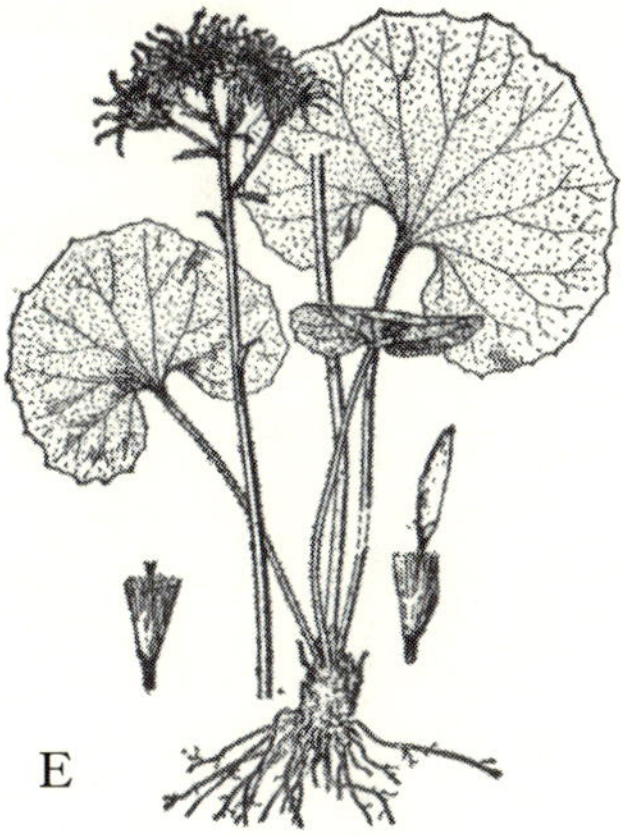

E

しても用途は広いように思う。

ツワブキ属には二種がある。ツワブキとカンツワブキで、前者は普通の種類で、本州の海岸地帯に野生する。九州南部の海岸に野生するオオツワブキはこの種の変種である。葉も大きく、花茎は一～二メートルと大型で、江戸時代に長崎出島に住んだシーボルトは、『日本植物誌』に、アキタブキと間違って出羽の産としているほどである。

九州地方では、フキ同様に食べる。〝きゃらぶき〟は九州の名物。若い葉柄を、揚げもの、あえもの、煮もの、つくだ煮で食べる。九州ではこの種類を栽培している。

一方のカンツワブキは、種子島や屋久島に野生する種類で、葉は薄く、鋸歯があり、開花は遅い。

ツワブキの語源には、艶葉蕗《ツヤバブキ》→ツワブキに転じたとする説や、厚葉蕗《アツバブキ》から転じたとする説もある。

民間薬として重宝された。吸い出しの妙薬。葉を火にあぶって柔らかくして、冷えてから患部に貼る。口があき、うみを吸い出す。「ひょうそ」など効果てきめん。

古書によると、茎葉を煎じて飲むと〝魚毒を消すに効能すぐれたり〟とある。フグの毒をもよく消すと書いてあるが、保証はない。

ツワブキは斑入り物が歓迎される。鉢植え栽培も面白い。丈夫であるから特別の注意はいらない。

ハボタン

葉牡丹

冬は花に寂しい季節である。花の少ない厳寒期に紅白のハボタンが僅かに色彩を添えてくれる。門松や松竹梅との寄せ植えは、新春を祝うめでたい花材でもある。

ハボタンは、キャベツ類の仲間で、葉を観賞するように改良したものである。この仲間には、葉が結球するキャベツ、わき芽が小さな球になるのがメキャベツ、花芽やつぼみを食べるのがカリフラワーやブロッコリー、茎を球状に肥大させたのがコールラビーと称する野菜である。

そもそもキャベツ類は、西欧の海岸近くの山地に自生する原種をこのように多岐にわたって利用できるように改良した珍しい植物である。

さらにもう一つは、葉が結球しないままで、葉をかきとって食べるケールと称する野菜もある。この葉汁が胃腸薬として特効があるので遠くギリシャ時代から愛用されていた。

ところでハボタンは、結球しないケールに近い一種であって、葉が着色する変わり物を選抜して観賞用のハボタンに改良したといわれる。つまりハボタンの元は野菜であったということである。

わが国にはオランダから江戸中期に渡来し、当時は食べていたらしい。そのうち、着色葉に注目して観賞用のハボタンに変えていった。ハボタンの名前が日本の古文献に初めて登場するのは今から約三〇〇年程前のことである。

江戸時代は園芸の黄金時代といわれるが、花だけでなく、葉の変わり物を求めた時代でもあった。

F

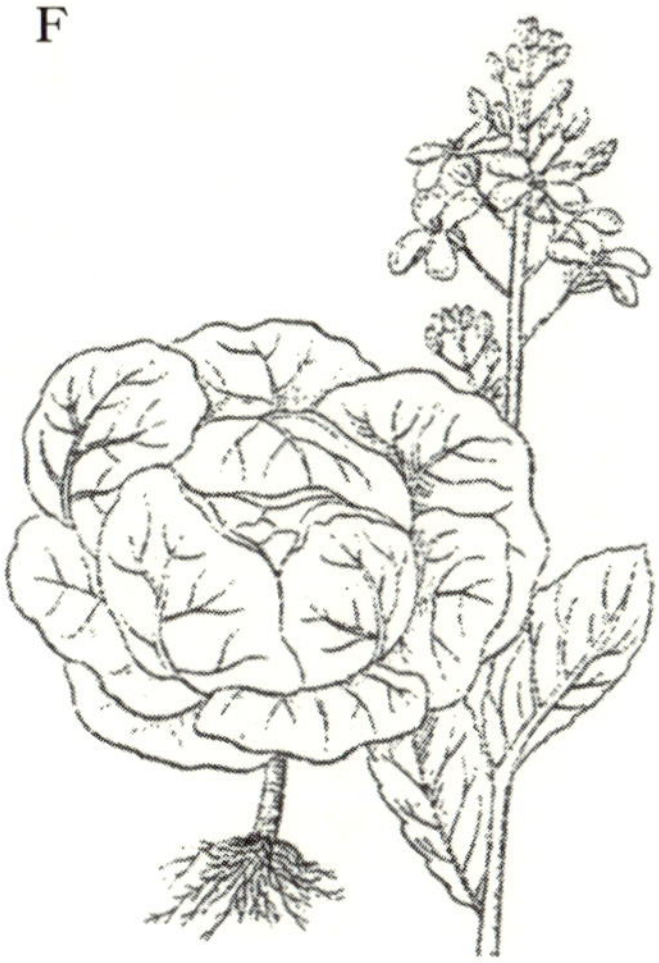

いわゆるげてものブームに沸き立っていたので、そんな時代の流れの中から、現在のハボタンが作り出されたものであり、江戸時代の文化遺産の一つといえるのである。

西欧では、ほとんどとり上げられなかったのに、日本に入ってから変身したという代表的な植物である。従って、ハボタンの履歴書を書くとすれば、本籍地は西欧産の野菜で、現住所は日本生まれの観賞植物という二重国籍になる。

ハボタンは耐寒性が強く、寒さが加わってくると一層鮮明な色彩を呈するようになる。近頃は品種改良が進んで美しいハボタンが出回ってくるようになった。

ハボタンには四つの系統がある。東京（丸葉）ハボタンは、江戸川一帯に栽培された古い系統。名古屋（ちりめん）ハボタンは、葉がパセリのように細かく縮む系統で名古屋地方で改良された。大阪ハボタンは前二者の中間タイプで大阪地方で改良された。

珊瑚ハボタンというニュータイプは最近に作出されたもので、在来のハボタンと前述のケールとの一代雑種で、珊瑚のような深い切れ込みがある美しい系統。

行きずりに見るハボタンにも日本人の歴史が刻まれているのだ。

ヒイラギ
柊

侘びしい初冬の庭からヒイラギが薫ってくる。緑の葉隠れに群がる白い小花が、冬の訪れを知らせてくれる。

華やかさはないがなんとなく詩情を誘う庭の名木の一つである。冬に咲くから柊と書く。

雄株と雌株が異なるから、雌株にだけ果実がつく。翌年の五、六月頃紫黒色の果実がつき、小鳥に啄《ついば》まれて広く分布する。

香りはモクセイに劣らぬほどで、空気が乾燥する頃であるだけに恵まれている。ヒイラギの仲間のギンモクセイ、キンモクセイは、いずれも素晴らしい芳香の植物である。

子供の頃、ヒイラギの葉を親指と人さし指に挟んで軽く息を吹きかけると、はたはたと回る。そんな遊びを楽しんだものだ。

ヒイラギの風車。それは自然と人間の健やかな触れ合いだった。洪水のように溢れる商品玩具は、自然の遊びを奪いとってしまった。

ヒイラギはモクセイ科の常緑小高木で、古くから庭木、生け垣用に植栽されている。福島県以南の本州、四国などの暖帯林に自生。

ヒイラギの名は、葉のトゲに由来。トゲに触れるとヒイラグ（疼ぐ）ことからついた名前。ヒイラグがヒイラギとなった。柊の字を当てるが正しくは「疼木《ヒイラギギ》」で、病だれの内に冬が入った字で、冬の霜焼けのように、ひりひり痛むという意味の字。

トゲがあるので裏庭の泥棒除けの生け垣にする。そのトゲは、若木の時代は鋭いが、老木になるにつれ丸葉に変わっていく。どこか人間の姿にも似ているようである。

トゲがあるので古くから悪魔除けに用いた。節分の日に、ヒイラギの小枝にイワシの頭を刺して門口に立てる慣習は一般的であった。

立春には、新しい神が訪れ祝福を与えてくれると信じ、神を迎えるため、豆まきや鬼追いをして邪気を払うのであった。

平安の頃は大晦日の年越し行事であったのが、江戸時代には節分行事となり、ヒイラギとイワシの頭になったらしい。「イワシの頭も信心から」の諺もある。

ヒイラギの方言に、「オニノツメ、オニノメツキ、オニサシ」などがある。鋭いトゲで鬼の目を突く。イワシの頭は、くさい臭いで悪霊を退散させるのである。

イワシの他には、ネギ、ラッキョウ、ニンニク、髪の毛などを焼いて使う地方もある。兵庫県西北端地方では、ヒイラギとダシジャコを使っている。

F

クリスマスにホーリーを飾る風習が西欧にある。セイヨウヒイラギと呼ぶ植物だが、ヒイラギとは全く別種の植物でモチノキ科。
果実は赤で、葉の形がヒイラギに似ることからついた名で、「他人のそら似」ということか。
その上、葉にトゲがあって、室内に飾って悪魔除けにする風習など東西共通の文化として面白い。

ヒカゲノカズラ

日陰蔓

日本各地の山地、山麓の比較的明るい湿地にある常緑のつる植物。ひも状の茎、りん片の尖った葉が密生し、地上をはうように伸びる。

七、八月頃、それから枝分かれした茎が直立して出て、その先に胞子のうをつける。熟するときな粉のような胞子を無数に出す。

ヒカゲノカズラの漢名は「石松《せきしょう》」、その胞子を石松子と称し、丸薬《がんやく》の丸衣に使う。この胞子は吸湿性が少なく、乾き過ぎず最上とのこと。

いちいち穂を摘んでいたらたまったものでない。シベリアのツンドラ地帯では一面に群生していて鎌で刈り取って、乾かして採るらしい。

古代から神事に登場するめでたい植物。『古事記』に出る「天《あめ》の岩戸」の神話がそれ。天照大神が「天《あめ》の岩戸」に隠れたので、高天原《たかまがはら》は勿論、下界の葦原の中つ国も真っ暗になった。

高天原の神々が天の安河原《やすのかわら》に集まり対策を協議する。先ず鶏を岩戸の前に集めておき、大力持《おおちから》ちのタヂカラオノミコトを岩戸の陰に待機させる。

そして、アメノウズメノカミという女神が、ヒカゲノカズラを襷《たすき》にかけ、テイカカズラを頭に巻き、手に小竹葉を持って、樋に上がって踊りに踊った。本邦ストリップショウの原点はこれ。

あまりの賑々《にぎにぎ》しさに、天照大神が岩戸をちょっとあげた途端、タヂカラオノミコトがぐいと岩戸を

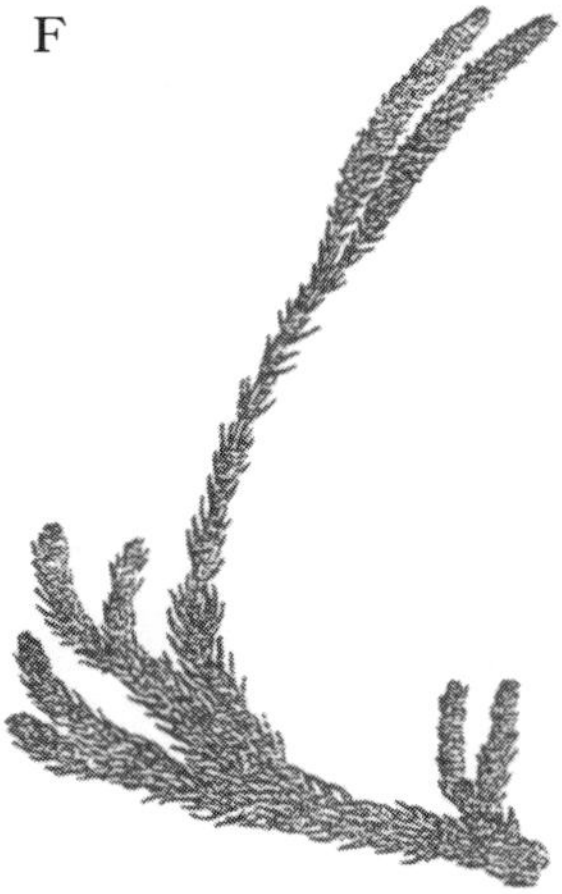
F

こじあけた。その時、コケコッコーと鶏が鳴いた筈——。神代の時代に鶏が渡来していた証だ。以来ヒカゲノカズラは神聖な植物とされた。新嘗祭《にいなめさい》、大嘗祭《だいじょうさい》の神事の際、冠のこうがいの左右にこれをかける。後世は青色か白色の組糸を垂れているのはその名残。

『万葉集』には四首、『源氏物語』、『枕草子』にもある。めでたい習俗は現代にも引き継がれ、結婚披露宴のテーブル装飾に代品が置かれる。

生け花の花材としては、小原流の写景盛花の中では欠かせぬ花材。草原や大地の表現にはぴったり。どことなく異国的雰囲気をもっているこの草、西洋ではクリスマス飾りの装飾にはなくてはならぬもの。クリスマス・ツリーや食卓飾りにこのつるを敷く。

枯れても緑を保つから、クリスマス、正月飾り、花輪、卓上飾りに使われた。面白いことに、ヒカゲノカズラを通して、東西文化の共通性を垣間見た思いがする。

ヒカゲノカズラは、「日陰の葛《かずら》」の意味。陰地に生えるつる草である。別名に、ヒカゲ、タマヒカゲ、ヒカゲグサ、キツネノタスキ、テングノタスキ、ヤマウバノタスキなどの呼び名がある。

かつて山村の子供たちは、肩にかけたり、襷《たすき》にしたりして遊んだ。また、運動会のアーチ作りの材料にしたのは遠い昔のこと。

フユイチゴ

冬苺

『枕草子』の「あてなるもの」の段に、「いみじううつくしき稚子《ちご》の覆盆子《ふくぼんし》（イチゴ）などくひたる」とある。とても可愛い幼児が高貴なイチゴを食べていると述べているのである。

「覆盆子」は漢名のイチゴ。昔のイチゴと称したものは、山野に自生しているクサイチゴ（草苺）やキイチゴ（木苺）類であって、覆盆子はキイチゴの一種である。

イチゴはバラ科で、多年草のクサイチゴ、小低木のキイチゴがある。キイチゴの茎は、直立性、つる性、ほふく性があって、フユイチゴはつる性である。普通茎にはトゲがある。

一般に栽培しているイチゴには「苺」の字を、野生のイチゴには、「苺」の字を当てて区別している。日本には約四〇種が自生し、果実は、赤・黄・紫・白と多彩。また開花期間や成熟期間の長いのが特徴。大抵食べられる。

欧米では、ラズベリーやブラックベリーなどといった改良種が栽培されているが、日本の自生種は手つかずのままである。ジャム加工に利用する点からみても、改良されることが望まれる。

栽培しているイチゴは、アメリカ産のクサイチゴを中心に改良されたものが明治に導入され、日本で園芸品種として作出された。

現在は冬でもイチゴが出回っているので、フユイチゴの呼び名が混同されることがある。俳句などでは栽培のイチゴを〝冬のイチゴ〟と呼んで区別しているようだ。

F

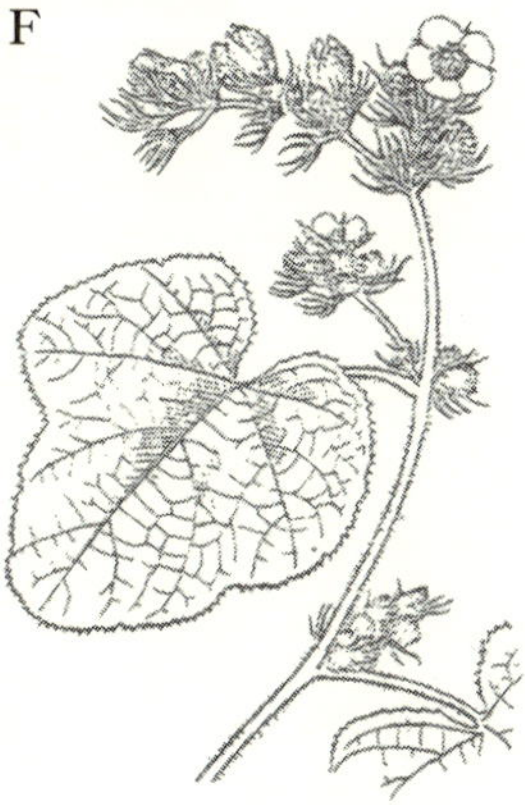

フユイチゴの別名に、「寒苺・時不知《ときしらず》・金苺」がある。また鹿児島県こしき島では、「親孝行苺」と呼ぶそうだが、果物のなかった冬に食べられるからということらしい。

あるときは雨蕭々《しょうしょう》と冬いちご　　飯田蛇笏

晩秋の山歩きの折、林床に赤く熟れた可愛いフユイチゴが目を惹く。姫路にある書写山の山道でよく見かける。冬に赤く色付くのでフユイチゴと名付けられた。秋霖に濡れるフユイチゴは一入侘びしい眺めであったのだろう。

葉は常緑で裏面に軟毛が密生、茎にはトゲがほとんど無い。花は六～七月頃、葉のつけ根から短い花梗を出し、五～一〇個の白い花がつく。

普通のイチゴの果実は、植物学上は花托《かたく》の肥大したもので、花托の上に種子がたくさんついている。一方、フユイチゴは種子の子房が肥大したもので、それがいくつか集まって果実になっている。

近縁種に、葉先がやや尖ったミヤマフユイチゴや、花梗に果実が一個しかつかぬコバノフユイチゴなどがある。

日本の自然には、木の実、草の実がいっぱいあって楽しかったが見捨てられるようになった。フユイチゴもその代表の一つといえそうだ。

ポインセチア

ポインセチアの鉢花が店頭を飾る頃になると、街にはジングル・ベルが鳴り響く。クリスマス・フラワーの名で親しまれているこの花、日本でも大はやり。花の少ない冬季の観葉植物として、装飾用の切り花、鉢物としての需要は多い。

茎の先端部の燃え立つような真紅の葉は、葉の変わったもので、植物学上、「花苞葉」、略して、「花苞・苞葉」と呼ぶもので、勿論花ではない。

真の花は、花苞の基部に、十数個の豆粒大のツボ型をしたもので花としての観賞価値はない。雄花と雌花が別で、熟してくるとおしべが飛び出して黄色の花粉を出す。

ポインセチアを買うときは、二、三個の雄花から花粉の出ている状態を一つの目安にする。一般の草花では、つぼみから開花まで楽しむというのが普通だが、ポインセチアでは、若い株を買うと、家庭では温度や光などの関係で十分発育しない。

近年の品種は、花苞の幅も広く重なっているので一層豪華で美しくなった。また色彩も赤、桃、黄、白、白地に桃の斑入りなど豊富。中でも強烈な赤は魅力的で、花言葉は「私の心は燃えている」。

原産地はメキシコ高原。夏は比較的冷涼、冬期は温暖を好む。成育適温は二〇～二五度、〇度以下では枯れる。近頃の品種は寒さに強く五度位でも大丈夫。

宮崎県日南海岸のポインセチアは名物。約五万本が遊歩道に赤いトンネル状。〝情熱の花〟として新婚さんに人気。露地にこれだけ作られているのは珍しい。

ポインセチアの名前は、この植物を最初に発見したアメリカの駐メキシコ公使のポインセット氏を記念して名付けたもの。

和名は「猩々木」。猩々が酒を飲んで、赤い顔の猩々緋に例えた。和名を使わず、英名が普通。

クリスマス・カラーは赤と緑。クリスマスの頃に上部が赤くなるので、クリスマス・フラワーといわれる。

猩々草という春播きの一年草がある。茎の先に小さい花苞が数枚つく。この方は和名で呼ぶ。

ポインセチアには、「植物特許」がかかっている。耳馴れない言葉だが、珍しい植物である。鉢には必ず、三角形をした赤い札がつけられている。

「U・Sライセンスド（米国植物特許品種）」の表示と、「このポインセチアはアメリカのポールエッケ社にロイヤリティー（特許権使用料）を支払っています」といった解説が書いてある。


ポインセチアの改良はアメリカが圧倒的に進んでおり、アメリカの特許権所有者と日本の生産者との間で契約して生産したもの。

植物の新品種にも、特許権があることを示す一例である。

E

マツ
松

マツはめでたい植物。新春を寿ぐ松竹梅は日本人の生活文化の遺産の一つ。マツの節操、タケの素直、ウメの純潔は日本人の心と美の表現だろう。

「松竹立てて門ごとに……」と歌った小学唱歌通り、斜に切ったタケをマツに添えて立てる。門松のある一月一五日までを「松の内」、その後の一五日間を「花の内」と呼び「餅花」を飾る地方が多かった。

門松は単なる飾り物ではない。常緑のマツと生長力旺盛なタケを媒体にして、正月の年神を迎える信仰で、神霊が乗り移る依代《よりしろ》であった。古代はマツに限らず、サカキ、ツバキ、シキミなど常緑ならなんでもよかった。平安後期頃から門松が一般化したという。

マツは祭りの神樹であって、天降《くだ》る神意を「待つ木」であった。待つことは何かを期待することであり、希望をもつことである。年賀の祝賀と長寿、新年の平安と豊作を期待するのであった。マツの花言葉は「不老長寿」。

マツは日本人が一番崇敬する樹。厳寒霜雪にもその色を変えぬマツの節操に、永遠の命を憶ったに違いない。そして、老松もよし、稚松もよい。天高く亭々とそびえ立つ老松の力強さ、葉色のみずみずしい若松に深い思いを寄せた。

近年、マツにとっては受難時代。「白砂青松」は日本美の象徴だったが、開発の名による破壊で姿を

F

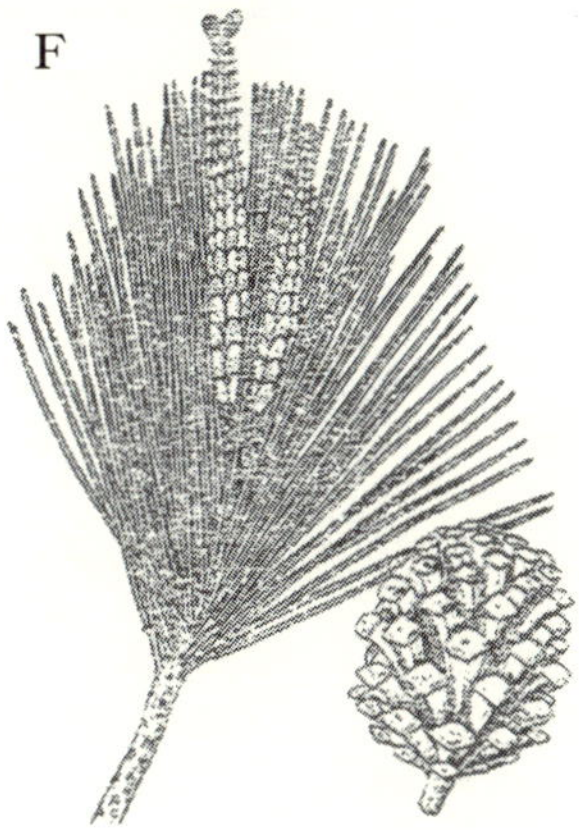

消した。また、「百木の長」とまで謳われたマツだったが、マツクイムシの猛威にあって命を断った名木も多い。

マツの呼び名は、マツ属の総称で、アカマツ、クロマツに代表され、日本全土に生えている。クロマツは樹皮が黒ずみ、強剛で男性的。海岸近くに多い。白砂青松はこの松である。一方のアカマツは樹皮赤褐色で、葉細く柔らかで女性的。女《め》松の俗称もあり、内陸部の松はこの種。

クロマツの根元には「松露《しょうろ》」が生える。球状の若い松露を地中から掘り出し吸い物の実にする。一種特有の香りがある。四、五月頃加古川市尾上の松林を探し歩いたことがあるが、今は皆無。

アカマツには松茸が生えるがこの方もさっぱり。「香り松茸・味しめじ」は空念仏のよう。とっくに忘却の彼方へと消え去った。

マツは雌雄同株。雌株、雄株の区別はない。雌花は新枝の頂上に、雄花は下部に多数つく。四月頃開花する。花粉は黄色で小さく、多量の花粉が風で飛散する。

「枯れて落ちても二人連れ」の俚諺通り、二枚の葉がついたまま落ちる。五枚のゴヨウマツ、ほかに三枚、一枚の園芸種もある。

兵庫県下の高砂の松、曽根の松、尾上の松、相生の松の名木は既に枯死した。車窓に展開する舞子の松林はまだ健在のようだが、環境は悪化する一方だから保護を望みたいものだ。

ワビスケ

侘助

ワビスケは、ツバキのワビスケ類の一品種名で胡蝶《こちょう》ワビスケの名もある。いかにも茶人好みの「侘び」、「寂」にふさわしい草姿で、葉は細く、お猪口《ちょこ》に似た優雅な花が横向きに咲く。淡紅色の花弁の先端部には白斑があり、咲き切らずに凋む姿はなんとも侘びしい。

ワビスケ類は日本特産。約二〇種ほどの品種があり、馴染みのものに、白ワビスケ、紅ワビスケ、寒咲赤ワビスケなどが茶の湯の花として古来より珍重され、この他、葉や花が前者よりやや大きい。有楽、西王母などが含まれる。

さて、ワビスケの名の由来には、もっともらしいいくつかの説がある。先ず、その名の通り「侘びしい花」ということ。世俗を離れて閑寂を楽しむ「侘び」と、風流を好む「数寄」(好)の複合から出た名前とする説。

次は、秀吉にまつわる話。秀吉が朝鮮出兵のとき、侘助と呼ぶ家来が朝鮮より持ち帰り、京都竜安寺の中庭に植えたのが侘助椿の起こりだとする説。

また、秀吉が千利休に与えたという話もある。京都大徳寺塔頭総見院のワビスケの古大樹がそれ。寺伝によると、秀吉が利休に与えたものとある。この寺は秀吉が信長の菩提寺として建てたもので、「豊公遺愛のわびすけ」の石碑をつけた老大樹。三月中・下旬が花盛りで、品格を備えた上品な花は利休遺愛にふさわしい。

G

一方、利休の下僕に侘助と呼ぶ人がいて、丹精して育てていた椿が利休の目に止まり、茶室に挿して〝侘助〟と命名したという。また別に、利休と同じ頃、堺に笠原七郎兵衛と称する茶人がおり、後に還俗して侘助といったが、この侘助から利休が貰い受けたのが呼び名の起こりだという。

あれやこれやと、いずれも辻褄合わせに似た伝説のようである。

京都にはツバキの銘木が歴史を背景に今なお生き続けている。秀吉は桃山時代各地からツバキの珍種を集めた。茶の湯の流行に秀吉や有楽斎、利休などがその推進役を果たす。

その有楽斎は信長の弟で、利休に師事した有名な茶人。彼の名をとった有楽と呼ぶ老大樹が京都にある。高台寺月真院、夢窓国師開基、尊氏建立の等持院にも有楽の古木がある。花期は二月から四月、淡桃色中輪のラッパ咲き。関東では有楽を太郎冠者とか数寄屋と呼ぶ。東京有楽町の町名は、彼有楽斎の江戸屋敷跡である。

筆者は「神戸椿会」の会員でもあり、ワビスケ類の鉢植え栽培を楽しんでいる。また、春先には京都の名刹や門跡寺院のツバキの珍種を訪ねては昔を偲んでいる。

後水尾天皇遺愛の白侘助の古木が修学院の林丘寺にある。白く清浄ですがすがしい白ワビスケは茶席の花には最もふさわしい。

ワビスケ品種群の出現については現在でも依然として謎のまま。

あとがき

本書は、一九九六年に刊行した『草木有情』の一七一篇と、その後機関誌『信愛』に連載した五二篇を加えた計二二三篇の中から一二〇篇を選び、『歳時記』を参照に、春・夏・秋・冬に組み分け配列して一冊に再編集したものである。

人間にとって花や緑は暮らしの仲間であり、心の友でもある。人は花や緑に心を託して、いろんな夢や希望を語り合ってきた。砂漠化した都市生活や潤いの消えた現在生活の中から、ようやく人間性の回復や心の豊かさを求めようとする欲求が高まってきている。

わが国は、北から南に細長く周囲は海で夏は雨が多いことから植物は豊富で四季折々の花が咲く。また散る花に、もののあわれを感じとったり、花の移ろいに生生流転の悲しみと無常観を観じるという独特の美意識を形成するなど、花は日本民族の精神生活の上でも大きく影響をあたえてきた。

植物の世界を語ることは、とりも直さず、生活や文化そして心を語ることに外ならない。確かに、花や緑は人間のように言葉は喋れない。しかし植物は、形、色、香りなどのさまざまのメッセージを通して私たちに訴えかけている。ここに取り上げた身近な植物からも、そこに有情の世界を垣間見ることができよう。

終わりに臨み、本書の出版をご快諾下さった花伝社平田勝社長のご厚志をはじめ関係の方々に深く感謝申し上げます。

二〇〇一年三月

釜江正巳

参考文献（文学作品は除く）

■古典（成立年代順）

延喜式　藤原時平他　九二七
新刊多識編　林道春　一六三一
花壇地錦抄　伊藤伊兵衛　一六九五
花譜　貝原益軒　一六九八
大和本草　貝原益軒　一七〇九
和漢三才図会　寺島良安　一七一三
物類称呼　越谷吾山　一七七五
本草綱目啓蒙　小野蘭山　一八〇三
草木奇品家雅見　金太　一八二七
草木錦葉集　水野忠暁　一八二九

■一般図書（書名五〇音順）

朝日園芸百科　野沢敬編　一九八四―八六　朝日新聞社
朝日百科世界の植物　北村・本田・佐藤監修　一九七五―七八　朝日新聞社
江戸と北京　ロバート・フォーチュン著／三宅馨訳　一九七〇　広川書店
美しき花言葉　中村成夫　一九七二　三笠書房
園芸植物名の由来　中村浩　一九八一　東京書籍
園芸大辞典　石井勇義編　一九四四―五六　誠文堂新光社
改訂増補博物学年表　白井光太郎　一九三四　大岡山書店
画文草木帖　鶴田知夫　一九七八　東京書籍
花木園芸　宮沢文吾　一九四〇　養賢堂
草木の野帖　足田輝一　一九七六　朝日新聞社
果物百話　不室直治・指田吉郎　一九七六　柴田書店
原色園芸植物図鑑Ⅰ―Ⅴ　塚本洋太郎　一九六三―六七　保育社
原色版日本薬用植物事典　伊沢凡人　一九八〇　誠文堂新光社
講談社園芸大百科事典1―12　講談社編　一九八六
古典の中の植物　金井典美　一九八三　北隆館
四季の花事典　麓次郎　一九八五　八坂書房
資源植物事典　柴田桂太編　一九六一　北隆館
自然暦　川口孫治郎　一九七二　八坂書房
植物歳時記　今井徹郎　一九六四　河出書房
植物歳時記　日野巌　一九七八　法政大学出版局
植物と日本文化　斎藤正二　一九七九　八坂書房
植物渡来考　白井光太郎　一九二九　有明書房
植物の生活誌　堀田満　一九八〇　平凡社

植物の名前の話　前川文夫　一九八一　八坂書房
植物百話　矢頭献一　一九七五　朝日新聞社
植物文化史　臼井英治　一九八八　裳華房
植物名の由来　中村浩　一九八〇　東京書籍
植物和名の語源　深津正　一九八九　八坂書房
生活のなかの植物　吉田幸弘　一九八九　裳華房
生物学者と四季の花　湯浅明　一九七八　めいせい出版
増訂万葉植物新考　松田修　一九七〇　社会思想社
草木有情　松崎直枝　一九七九　八坂書房
草木歳時記　外山三郎　一九七六　八坂書房
草木辞苑　木村陽二郎監修　一九八八　柏書房
草木図誌　鶴田知夫　一九七九　東京書籍
中国高等植物　全五巻　一九七三　中国科学出版社
日本雑草図説　笠原安夫　一九八一　養賢堂
日本植物方言集（草木類篇）　日本植物友の会編　一九七二　八坂書房
日本博物学史　上野益三　一九七三　平凡社
野の花一〇一話　岡本高一　一九七九　神戸新聞社出版センター
花と芸術　金井紫雲　一九四六　芸術堂出版部
花と日本文化　和歌森太郎他　一九七一　小原流文化事業部
花と日本文化　西山松之助　一九八五　吉川弘文館
花と民俗　川口謙二郎　一九八二　東京美術
花の歳時記　今井徹郎　一九六一　読売新聞社
花の歳時記　居初庫太　一九六八　淡交社
花のすがた　岡部伊都子　一九七六　創元社
花の図譜　春・夏・秋・冬　高橋洋二編　一九九〇　平凡社
花の手帖　永井かな　一九八〇　東京美術
花の美術と歴史　塚本洋太郎　一九七五　河出書房新社
花の風物誌　釜江正巳　一九九二　八坂書房
花の文化史　春山行夫　一九六四　雪華社
花の文化史　春山行夫　一九八〇　講談社
花の文化史　松田修　一九七七　東京書籍
花の文化史　山田宗睦　一九七七　読売新聞社
花の民俗　水沢謙一　一九七四　野鳥出版
花の民俗学　桜井満　一九七四　雄山閣
花の履歴書　安田勲　一九八二　東海大学出版局
花の履歴書　湯浅浩史　一九八二　朝日新聞社
花は紅・柳は緑　水上静夫　一九八三　八坂書房
花ものがたり（続花の歳時記）　今井徹郎　一九七二　読売新聞社
百花巡礼　森村浅香　一九八〇　時事通信社

牧野新日本植物図鑑　牧野富太郎　一九七四　北隆館
牧野富太郎植物記一—八　牧野富太郎　一九七四　あかね書房
野草雑記　柳田国男　一九八五　八坂書房
やぶれがさ草木抄　桜井元　一九七〇　誠文堂新光社

■雑誌
園芸新知識花の号（月刊）　一九六八—　タキイ種苗
新花卉（季刊）　日本花弁園芸協会編　一九五三—　タキイ種苗

■図録資料（年代順）
花彙　小野蘭山・島田充房　一七六五　八坂書房
成形図説　曽槃占春　一八〇四
草木図説木部　飯沼慾斎原著・北村四郎編註　一八三二／一九七七　保育社
増訂草木図説草部　飯沼慾斎著・牧野富太郎再訂増補　一八五六／一九〇八　成美堂
有用植物図説　田中芳男・小野職愨同撰　一八九一　大日本農会
図説植物辞典　村越三千夫　一九三七　中文館書店
中国高等植物図鑑　一九八五　中国科学院植物研究所主編　科学出版社

釜江正巳（かまえ　まさみ）

1922 年兵庫県に生まれる。
1942 年東京高等農林学校（現東京農工大学農学部）卒業。
兵庫青年師範学校教授を経て、神戸大学教育学部に勤務。1985 年名誉教授。
兵庫女子短期大学教授を経て、1992 年より、姫路福祉専門学校副校長。
現在、非常勤講師、理事。御影保育専門学院非常勤講師。農学博士。

現住所　兵庫県加古川市野口町北野 1219 − 12

花の歳時記 ——草木有情《そうもくうじょう》——

2001 年 5 月 20 日　初版第 1 刷発行

著者 —— 釜江正巳
発行者 —— 平田　勝
発行 —— 花伝社
発売 —— 共栄書房
〒101-0065　東京都千代田区西神田 2-7-6 川合ビル
電話　03-3263-3813
FAX　03-3239-8272
E-mail　kadensha@muf.biglobe.ne.jp
http：//www1.biz.biglobe.ne.jp/~kadensha
振替 —— 00140-6-59661
装幀 —— 長澤俊一
印刷 —— 中央精版印刷株式会社

©2001　釜江正巳
ISBN4-7634-0366-4 C0040

花伝社の本

花と日本人

中野　進

定価（本体 2190 円＋税）

●花と日本人の生活文化史

花と自然をこよなく愛する著者が、花の語源や特徴、日本人の生活と文化のかかわり、花と子どもの遊び、世界の人々に愛されるようになった日本の花の物語などを、やさしく語りかける。

風太郎の花物語

―花の不思議が見えてくる―

高野孝治

定価（本体 1748 円＋税）

●花の不思議な世界！

花に酔う、その酔眼で花を撮る。花で光をとらえる。花に宇宙を見る。気も遠くなるような長い年月にわたる、花と虫との不思議な関係。花の性生活と虫の食生活‥‥。花のなかにも、虫のなかにも、神様がいる。

近代思想と源氏物語

―大いなる否定―

橡川一朗

定価（本体 1942 円＋税）

●源氏物語は、反体制文学だった！

源氏物語は、公家階層による徹底的な「自己否定」の文学であり、「告発の書」であった。東西思想を縦横に論じながら、新しい角度から、その豊かな思想内容と近代的意義を考察する。

新装版　足物語

木村　斉

定価（本体 1500 円＋税）

●感動の人間物語―波紋を呼ぶある高校教師の手記（青春・ユーモア編）

足の難病を克服し、スポーツにサッカー指導に教師生活に全力をぶつけたある教師の感動の人間記録。真の健康とは、生命とは、親とは、そして教師とは。序文　森繁久彌

絵画の制作

―自己発見の旅―

小澤基弘

定価（本体 2000 円＋税）

●なぜ、絵を描きますか？

絵画制作の原点を求めて。黄金の瞬間――変貌の充つる刻《とき》。自己実現の手立てとしての絵画制作の招待。絵を描くことが楽しくなる本。これから絵画を始める方へ。絵画制作に自信を失っている方へ。

日本人の心と出会う

相良　亨（東大名誉教授）

定価（本体 2000 円＋税）

●日本人の心の原点

“大いなるもの”への思いと心情の純粋さ。古代の「清く明き心」、中世の「正直」、近世の「誠」、今日の「誠実」へと、脈々と流れる日本人の心の原点に立ち戻る。いま、その伝統といかに向き合うか――。